程序是怎样跑起来的

[日] 矢泽久雄 / 著　日经Software / 审校　李逢俊 / 译

How
Program
Works

TURING
图灵程序
设计丛书

U0332453

人民邮电出版社
北　京

图书在版编目（CIP）数据

程序是怎样跑起来的 /（日）矢泽久雄著；李逢俊译. -- 北京：人民邮电出版社，2015.4（2020.5重印）
（图灵程序设计丛书）
ISBN 978-7-115-38513-0

Ⅰ.①程… Ⅱ.①矢… ②李… Ⅲ.①程序系统－普及读物 Ⅳ.①TP31-49

中国版本图书馆CIP数据核字（2015）第025434号

内 容 提 要

本书从计算机的内部结构开始讲起，以图配文的形式详细讲解了二进制、内存、数据压缩、源文件和可执行文件、操作系统和应用程序的关系、汇编语言、硬件控制方法等内容，目的是让读者了解从用户双击程序图标到程序开始运行之间到底发生了什么。同时专设了"如果是你，你会怎样介绍？"专栏，以小学生、老奶奶为对象讲解程序的运行原理，颇为有趣。

本书图文并茂，通俗易懂，非常适合计算机爱好者及相关从业人员阅读。

◆ 著　　　　[日]矢泽久雄
　　译　　　　李逢俊
　　责任编辑　乐　馨
　　执行编辑　杜晓静
　　责任印制　杨林杰

◆ 人民邮电出版社出版发行　　北京市丰台区成寿寺路11号
　　邮编　100164　电子邮件　315@ptpress.com.cn
　　网址　http://www.ptpress.com.cn
　　北京鑫丰华彩印有限公司印刷

◆ 开本：880×1230　1/32
　　印张：8.5
　　字数：204千字　　　　　　　2015年4月第1版
　　印数：49 501-52 500册　　　2020年5月北京第28次印刷
　　著作权合同登记号　图字：01-2013-3463号

定价：39.00元
读者服务热线：(010)51095183转600　　印装质量热线：(010)81055316
反盗版热线：(010)81055315
广告经营许可证：京东工商广登字20170147号

前　言

大家还记得自己初次接触计算机时的情形吗？想必多数读者使用的都是 Windows 系统，应该也有不少读者使用 Visual Studio 和 Java 等集成开发环境（IDE，Integrated Development Environment，即集成了编程所需的各种工具的开发软件）开发过程序。Windows 的图形化操作界面，大大提高了计算机操作的便利性，而利用集成开发环境开发程序，就像用绘图软件画图一样简单。由此可见，这是一个便利的时代。

然而，现实却不容乐观，我们在享受这些方便的同时也付出了代价。虽然拥有一定的编程能力，却无法进一步提高自身技能；知识应用能力的不足导致无法编写源程序。越来越多的程序员正为这些问题而烦恼。个中原因在于，大家不了解程序运行的根本机制。

"双击程序图标，程序开始运行"，作为一名程序员，对程序的了解仅仅停留在这一表层是不行的。我们还应该了解更深层的机制：加载到内存中的机器语言程序，由 CPU 进行解析和运行，进而计算机系统整体的控制和数据运算也开始运行。了解了程序的运行机制后，就能找到编写源程序的方法。

本书以通俗易懂的方式来解析程序的运行机制，适合想要学习编程的读者，迫切希望提升技能的初级程序员，以及对计算机较为熟悉的中级用户阅读。为了便于说明，书中涉及了不少计算机硬件知识，不过本书的主题依然是编程，也就是软件。

《日经 Software》杂志上连载过名为"程序是怎样跑起来的"的文章，而本书就是在整合以上内容的基础上创作的。2001 年 10 月，本书第 1 版出版后，受到了众多读者的欢迎，我们也收到了很多反馈信息。

大部分读者表示"了解了 CPU 的寄存器和内存的运行方式，也知道了自己编写的程序的运行机制，收获颇丰"。不过也有编程经验较少的读者表示"内容有点难"。

值此第 2 版出版之际，我再次核对了全文，大幅增加了寄存器和栈等内容的相关说明，并作了详细的注释。实例程序的代码也由原来的 Visual BASIC 语言，换成了更便于说明程序运行机制的 C 语言，并在书的末尾添加了一个辅助章节，对 C 语言进行了简单的介绍。通过这样的改动，相信即便是觉得第 1 版有点难的读者，也会感到满意。

无论任何事情，了解其本质非常重要。只有了解了本质才能提高利用效率。这样一来，即使有新技术出现，也能很容易地理解并掌握。接下来，就让我们一起在本书中探索程序的奥秘，寻求程序的本质吧。

矢泽久雄

目录

程序是怎样跑起来的
——本书中涉及的主要关键词

第1章 **对程序员来说CPU是什么**
CPU、寄存器、内存、内存地址、程序计数器、累计寄存器、标志寄存器、基址寄存器

第2章 **数据是用二进制数表示的**
IC、位、字节、二进制数、移位运算、逻辑运算、补数、符号位、算数移位、逻辑移位、符号扩展

第3章 **计算机进行小数运算时出错的原因**
二进制形式的小数、双精度浮点数、单精度浮点数、正则表达式、EXCESS 系统、16 进制数

MyProg.exe

双击

第4章 **熟练使用有棱有角的内存**
内存 IC、内存容量、数据类型、指针、数组、栈、队列、环形缓冲区、链表、二叉搜索树

第5章 **内存和磁盘的亲密关系**
存储程序方式、磁盘缓存、DLL文件、stdcall、扇区、簇

第6章 **亲自尝试压缩数据**
文件、RLE 算法、莫尔斯编码、哈夫曼算法、可逆压缩、非可逆压缩、BMP、JPEG、TIFF

读完本书，你就会了解从双击程序图标开始到程序运行的整个机制。

第7章 **程序是在何种环境中运行的**
操作系统、硬件、Windows、MS-DOS、UNIX、端口、模拟器、Java 虚拟机、BIOS、引导

第8章 **从源文件到可执行文件**
源代码、本地代码、编译、链接、启动、库文件、栈、堆、静态链接、动态链接

第9章 **操作系统和应用的关系**
监控程序、系统调用、移植性、API、多任务、设备驱动

运行

第10章 **通过汇编语言了解程序的实际构成**
助记符、汇编、伪指令、段定义、push、pop、调用函数、全局变量、局部变量、循环、条件分支

第11章 **硬件控制方法**
IN/OUT 指令、I/O 端口号、中断处理、实时处理、IRQ、DMA、VRAM

第12章 **让计算机"思考"**
随机数、伪随机数、随机数种子、计算机模拟、线性同余法、列表、人工智能（AI）

本书的结构

本书共 12 章，每章由"热身问答""本章重点""正文"三部分构成。对专业术语的解说，放在了正文的脚注部分。有些章节还设置了"专栏"。另外，本书的附录部分对 C 语言进行了介绍，刚开始学习编程的朋友，请一定阅读一下。

●热身问答

在每章的开头罗列了一些简单的问答，大家不妨在阅读时挑战一下。这样就可以带着问题来阅读正文了。

●本章重点

这部分是对正文内容的高度总结。通过阅读这部分，可以确定本章节是否有自己关心的内容。

●正文

在这部分中，笔者以简明易懂的方式，从各章节的主题出发，对程序的运行机制进行说明。虽然有时会出现 C 语言程序，但其中做了大量的注释，即使对编程语言不熟悉的朋友也能正常阅读。

●专栏"如果是你，你会怎样介绍?"

在这部分中，笔者为大家展示了他向那些不熟悉程序的朋友介绍程序运行机制的过程。通过向他人介绍，可以对自己的掌握程度进行充分的验证。各位读者在阅读时也不妨考虑一下：如果是你，你会怎样介绍呢?

---

* 本书在写作过程中，尽量避免内容局限在特定的硬件和软件上。但在一些具体的示例中，涉及电脑（特别是 AT 兼容机）、Windows（32 位）以及 Borland C++ 等。

另外，本书中所涉及的 Windows、Borland C++ 等软件，都是以笔者写作当时的最新版为准进行描述的，之后的软件版本可能会有所变化，这一点请注意。

第 **1** 章
对程序员来说 CPU 是什么

问题

1. 程序是什么？
2. 程序是由什么组成的？
3. 什么是机器语言？
4. 正在运行的程序存储在什么位置？
5. 什么是内存地址？
6. 计算机的构成元件中，负责程序的解释和运行的是哪个？

怎么样？是不是发现有一些问题无法简单地解释清楚呢？下面是笔者的答案和解析，供大家参考。

答案 ●

1. 指示计算机每一步动作的一组指令
2. 指令和数据
3. CPU 可以直接识别并使用的语言
4. 内存
5. 内存中，用来表示命令和数据存储位置的数值
6. CPU

解析 ●

1. 一般所说的程序，譬如运动会、音乐会的程序等，指的是"行事的先后次序"。计算机程序也是一样的道理。
2. 程序是指令和数据的组合体。例如，C 语言 "printf (" 你好 ");" 这个简单的程序中，printf 是指令，" 你好 " 是数据。
3. CPU 能够直接识别和执行的只有机器语言。使用 C、Java 等语言编写的程序，最后都会转化成机器语言。
4. 硬盘和磁盘等媒介上保存的程序被复制到内存后才能运行。
5. 内存中保存命令和数据的场所，通过地址来标记和指定。地址由整数值表示。
6. 计算机的构成元件中，根据程序的指令来进行数据运算，并控制整个计算机的设备称作 CPU。大家熟知的奔腾（Pentium）就是 CPU 的一种。

**本章
重点**

　　首先让我们来看一下解释和运行程序的 CPU。
CPU 是英文 Central Processing Unit（中央处理器）的
缩写，相当于计算机的大脑，它的内部由数百万至数亿个晶体管构成，
这些都是大家所熟知的。不过，对 CPU 的了解如果只限于此的话，对
编程是没有任何帮助的。程序员还需要理解 CPU 是如何运行的，特别
是要弄清楚负责保存指令和数据的寄存器的机制。了解了寄存器，也
就自然而然地理解了程序的运行机制。可能有很多读者会认为 CPU 的
运行机制比较难，其实它非常简单。所以，不妨放松心情，跟随笔者
一起往下阅读吧。

1.1　CPU 的内部结构解析

　　图 1-1 展示了程序运行的一般流程。可以说了解程序的运行流程是
掌握程序运行机制的基础和前提。详细内容会在接下来的章节中逐渐
展开，这里主要是希望大家先有个大致印象。在这一流程中，CPU[1] 所
负责的就是解释和运行最终转换成机器语言的程序内容。

　　CPU 和内存是由许多晶体管组成的电子部件，通常称为 IC
（Integrated Circuit，集成电路）。从功能方面来看，如图 1-2 所示，CPU
的内部由寄存器、控制器、运算器和时钟四个部分构成，各部分之间
由电流信号相互连通。**寄存器**可用来暂存指令、数据等处理对象，可

---

[1]　CPU 是用来表示计算机内部元件功能的术语。另一方面，奔腾等半导体芯
　　片，通常称为微处理器。不过，由于大部分计算机通常只有一个微处理器
　　来承担 CPU 的功能，所以本章不对此进行区分，统一使用 CPU 这一称呼。
　　CPU 由具有 ON/OFF 开关功能的晶体管构成。另外，有的 CPU 在一个集
　　成电路中集成了两个 CPU 芯片，我们称之为双核（dual core）CPU。

以将其看作是内存的一种。根据种类的不同，一个CPU内部会有
20~100个寄存器。**控制器**负责把内存上的指令、数据等读入寄存器，
并根据指令的执行结果来控制整个计算机。**运算器**负责运算从内存读
入寄存器的数据。**时钟**负责发出CPU开始计时的时钟信号[①]。不过，也
有些计算机的时钟位于CPU的外部。

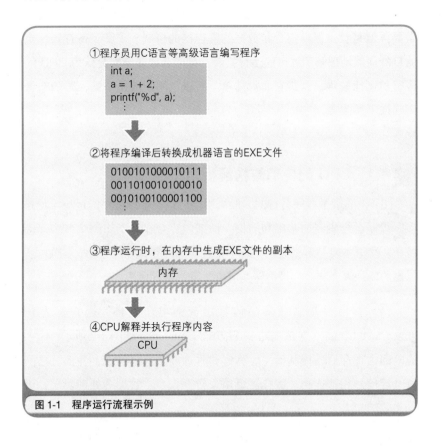

图 1-1　程序运行流程示例

---

① 时钟信号英文叫作 clock puzzle。Pentium 2 GHz 表示时钟信号的频率为
2 GHz（1 GHz = 10 亿次 / 秒）。也就是说，时钟信号的频率越高，CPU 的
运行速度越快。

接下来简单地解释一下内存。通常所说的内存指的是计算机的主存储器（main memory）[1]，简称主存。主存通过控制芯片等与 CPU 相连，主要负责存储指令和数据。主存由可读写的元素构成，每个字节（1 字节 = 8 位）都带有一个地址编号。CPU 可以通过该地址读取主存中的指令和数据，当然也可以写入数据。但有一点需要注意，主存中存储的指令和数据会随着计算机的关机而自动清除。

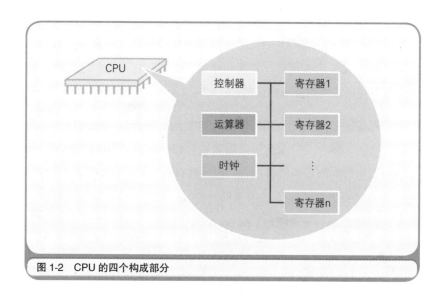

图 1-2　CPU 的四个构成部分

了解了 CPU 的构造后，大家对程序的运行机制的理解是不是也加深了一些？程序启动后，根据时钟信号，控制器会从内存中读取指令和数据。通过对这些指令加以解释和运行，运算器就会对数据进行运

---

[1]　主存位于计算机机体内部，是负责存储程序、数据等的装置。主存通常使用 DRAM（Dynamic Random Access Memory，动态随机存取存储器）芯片。DRAM 可以对任何地址进行数据的读写操作，但需要保持稳定的电源供给并时常刷新（确保是最新数据），关机后内容将自动清除。关于内存 IC，第 4 章有详细介绍。

算，控制器根据该运算结果来控制计算机。看到"控制"一词时，大家可能会将事情想象得过于复杂，其实所谓的控制就是指数据运算以外的处理（主要是数据输入输出的时机控制）。比如内存和磁盘等媒介的输入输出、键盘和鼠标的输入、显示器和打印机的输出等，这些都是控制的内容。

1.2 CPU 是寄存器的集合体

CPU 的四个构成部分中，程序员只需要了解寄存器即可，其余三个都不用太过关注。那么，为什么必须要了解寄存器呢？这是因为**程序是把寄存器作为对象来描述的**。

首先我们来看一下代码清单 1-1。这是用汇编语言（assembly）[1]编写的程序的一部分。**汇编语言**采用助记符（memonic）来编写程序，每一个原本是电气信号的机器语言[2]指令都会有一个与其相应的助记符，助记符通常为指令功能的英语单词的简写。例如，mov 和 add 分别是数据的存储（move）和相加（addition）的简写。汇编语言和机器语言基本上是一一对应的。这一点和 C 语言、Java 语言等高级编程语言[3]有很大不同，这也是我们使用汇编语言来说明 CPU 运行的原因。通常我们将汇编语言编写的程序转化成机器语言的过程称为**汇编**；反之，机器

---

[1] 把汇编语言转化成机器语言的程序称为汇编器（assembler）。有时汇编语言也称为汇编。详情可参阅第 10 章。

[2] 机器语言是指 CPU 能直接解释和执行的语言。

[3] 高级编程语言是指能够使用类似于人类语言（主要是英语）的语法来记述的编程语言的总称。BASIC、C、C++、Java、Pascal、FORTRAN、COBOL 等语言都是高级编程语言。使用高级编程语言编写的程序，经过编译转换成机器语言后才能运行。与高级编程语言相对，机器语言和汇编语言称为低级编程语言。

语言程序转化成汇编语言程序的过程则称为**反汇编**。

代码清单 1-1　汇编语言编写的程序示例

```
mov   eax, dword ptr [ebp-8]      …把数值从内存复制到 eax
add   eax, dword ptr [ebp-0Ch]    …eax 的数值和内存的数值相加
mov   dword ptr [ebp-4], eax      …把 eax 的数值（上一步的相加结果）存储在内存中
```

　　通过阅读汇编语言编写的代码，能够了解转化成机器语言的程序的运行情况。从代码清单 1-1 的汇编语言程序示例中也可以看出，机器语言级别的程序是通过寄存器来处理的。也就是说，在程序员看来"CPU 是寄存器的集合体"。至于控制器、运算器和时钟，程序员只需要知道 CPU 中还有这几部分就足够了。

　　代码清单 1-1 中，eax 和 ebp 表示的都是寄存器。通过阅读刚才的示例代码，想必大家对程序使用寄存器来实现数据的存储和加法运算这一情况应该有所了解了。汇编语言是 80386[1] 以上的 CPU 所使用的语言。eax 和 ebp 是 CPU 内部的寄存器的名称。内存的存储场所通过地址编号来区分，而寄存器的种类则通过名字来区分。

　　上文可能有些难以理解，不过不用担心，因为我们并不要求大家必须掌握 CPU 的所有寄存器种类和汇编语言，大家只需对 CPU 是怎么处理程序的有一个大致印象即可。也就是说，使用高级语言编写的程序会在编译[2] 后转化成机器语言，然后再通过 CPU 内部的寄存器来处理。例如，a=1+2 这样的高级语言的代码程序在转化成机器语言后，就是利用寄存器来进行相加运算和存储处理的。

---

[1]　80386 是美国英特尔公司开发的微处理器的产品名。"80386 以上"是指80386、80486、奔腾等微处理器。

[2]　编译是指将使用高级编程语言编写的程序转换为机器语言的过程，其中，用于转换的程序被称为编译器（compiler）。

不同类型的CPU，其内部寄存器的数量、种类以及寄存器存储的数值范围都是不同的。不过，根据功能的不同，我们可以将寄存器大致划分为八类，如表1-1所示。可以看出，寄存器中存储的内容既可以是指令也可以是数据。其中，数据分为"用于运算的数值"和"表示内存地址的数值"两种。数据种类不同，存储该数值的寄存器也不同。CPU中每个寄存器的功能都是不同的。用于运算的数值放在累加寄存器中存储，表示内存地址的数值则放在基址寄存器和变址寄存器中存储。代码清单1-1的程序中用到的eax和ebp分别是累加寄存器和基址寄存器。

表1-1 寄存器的主要种类和功能

种 类	功 能
累加寄存器（accumulator register）	存储执行运算的数据和运算后的数据
标志寄存器（flag register）	存储运算处理后的CPU的状态
程序计数器（program counter）	存储下一条指令所在内存的地址
基址寄存器（base register）	存储数据内存的起始地址
变址寄存器（index register）	存储基址寄存器的相对地址
通用寄存器（general purpose register）	存储任意数据
指令寄存器（instruction register）	存储指令。CPU内部使用，程序员无法通过程序对该寄存器进行读写操作
栈寄存器（stack register）	存储栈区域的起始地址

对程序员来说，CPU是什么呢？如图1-3所示，CPU是具有各种功能的寄存器的集合体。其中，程序计数器、累加寄存器、标志寄存器、指令寄存器和栈寄存器都只有一个，其他的寄存器一般有多个。程序计数器和标志寄存器比较特殊，这一点在后面的章节中会详细说明。另外，存储指令的指令寄存器等寄存器，由于不需要程序员过多关注，因此图1-3中没有提到。

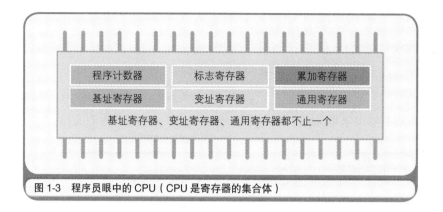

图 1-3 程序员眼中的 CPU（CPU 是寄存器的集合体）

1.3 决定程序流程的程序计数器

只有 1 行的有用程序是很少见的，机器语言的程序也是如此。在对 CPU 有了一个大体印象后，接下来我们看一下程序是如何按照流程来运行的。

图 1-4 是程序启动后内存内容的模型。用户发出启动程序的指示后，Windows 等操作系统[①]会把硬盘中保存的程序复制到内存中。示例中的程序实现的是将 123 和 456 两个数值相加，并将结果输出到显示器上。正如前文所介绍的那样，存储指令和数据的内存，是通过地址来划分的。由于使用机器语言难以清晰地表明各地址存储的内容，因此这里我们对各地址的存储内容添加了注释。实际上，一个命令和数据通常被存储在多个地址上，但为了便于说明，图 1-4 中把指令、数据分配到了一个地址中。

地址 0100 是程序运行的开始位置。Windows 等操作系统把程序从硬盘复制到内存后，会将程序计数器（CPU 寄存器的一种）设定为

---

① 操作系统（operating system）是指管理和控制计算机硬件与软件资源的计算机程序。关于操作系统的功能，第 9 章有详细说明。

0100，然后程序便开始运行。CPU 每执行一个指令，程序计数器的值就会自动加 1。例如，CPU 执行 0100 地址的指令后，程序计数器的值就变成了 0101（当执行的指令占据多个内存地址时，增加与指令长度相应的数值）。然后，CPU 的控制器就会参照程序计数器的数值，从内存中读取命令并执行。也就是说，程序计数器决定着程序的流程。

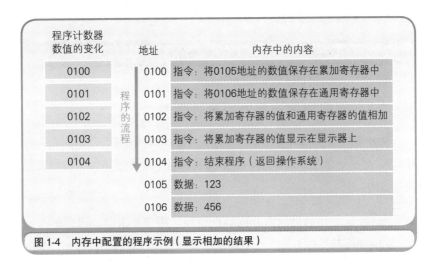

图 1-4　内存中配置的程序示例（显示相加的结果）

1.4　条件分支和循环机制

　　程序的流程分为顺序执行、条件分支和循环三种。**顺序执行**是指按照地址内容的顺序执行指令。**条件分支**是指根据条件执行任意地址的指令。**循环**是指重复执行同一地址的指令。顺序执行的情况比较简单，每执行一个指令程序计数器的值就自动加 1。但若程序中存在条件分支和循环，机器语言的指令就可以将程序计数器的值设定为任意地址（不是 +1）。这样一来，程序便可以返回到上一个地址来重复执行同一个指令，或者跳转到任意地址。接下来，我们会以条件分支为例，来列举具体的示例。不过循环的情况下，在程序计数器中设定值的机制也是一样的。

图 1-5 表示把内存中存储的数值（示例中是 123）的绝对值输出到显示器的程序的内存状态。程序运行的开始位置是 0100 地址。随着程序计数器数值的增加，当到达 0102 地址时，如果累加寄存器的值是正数，则执行跳转指令（jump 指令）跳转到 0104 地址。此时，由于累加寄存器的值是 123，为正数，因此 0103 地址的指令被跳过，程序的流程直接跳转到了 0104 地址。也就是说，"跳转到 0104 地址"这个指令间接执行了"将程序计数器设定成 0104 地址"这个操作。

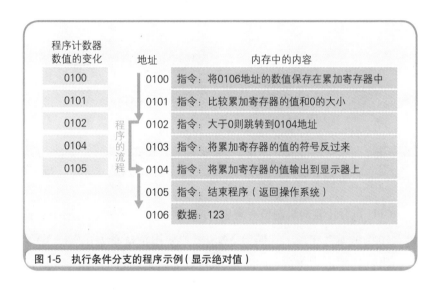

图 1-5　执行条件分支的程序示例（显示绝对值）

条件分支和循环中使用的**跳转指令**，会参照当前执行的运算结果来判断是否跳转。表 1-1 所列出的寄存器中，我们提到了标志寄存器。无论当前累加寄存器的运算结果是负数、零还是正数，**标志寄存器**都会将其保存（也负责存放溢出[①]和奇偶校验[②]的结果）。

---

① 溢出（overflow）是指运算的结果超出了寄存器的长度范围。

② 奇偶校验（parity check）是指检查运算结果的值是偶数还是奇数。

CPU 在进行运算时，标志寄存器的数值会根据运算结果自动设定。条件分支在跳转指令前会进行比较运算。至于是否执行跳转指令，则由 CPU 在参考标志寄存器的数值后进行判断。运算结果的正、零、负三种状态由标志寄存器的三个位[①]表示。图 1-6 是 32 位 CPU（寄存器的长度是 32 位）的标志寄存器的示例。标志寄存器的第一个字节位、第二个字节位和第三个字节位的值为 1 时，表示运算结果分别为正数、零和负数。

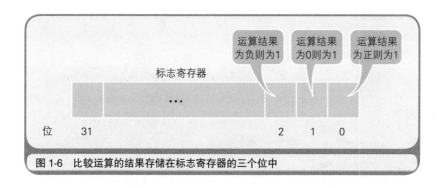

图 1-6　比较运算的结果存储在标志寄存器的三个位中

CPU 执行比较的机制很有意思，因此请大家务必牢记。例如，假设要比较累加寄存器中存储的 XXX 值和通用寄存器中存储的 YYY 值，执行比较的指令后，CPU 的运算装置就会在内部（暗中）进行 XXX–YYY 的减法运算。而无论减法运算的结果是正数、零还是负数，都会保存到标志寄存器中。结果为正表示 XXX 比 YYY 大，零表示 XXX 和 YYY 相等，负表示 XXX 比 YYY 小。程序中的比较指令，就是在 CPU 内部做减法运算。怎么样，是不是挺有意思的？

---

① 1位（bit＝binary digit）就是一个位数的二进制数，表示 0 或 1 的数值。32 位 CPU 指的就是用 32 位的二进制数来表示数据及地址的数值。关于二进制数的详细内容，请读者参阅第 2 章。

1.5 函数的调用机制

接下来，我们继续介绍程序的流程。哪怕是高级语言编写的程序，函数[①]调用处理也是通过把程序计数器的值设定成函数的存储地址来实现的。不过，这和条件分支、循环的机制有所不同，因为单纯的跳转指令无法实现函数的调用。函数的调用需要在完成函数内部的处理后，处理流程再返回到函数调用点（函数调用指令的下一个地址）。因此，如果只是跳转到函数的入口地址，处理流程就不知道应该返回至哪里了。

图 1-7 是给变量 a 和 b 分别代入 123 和 456 后，将其赋值给参数（parameter）来调用 MyFunc 函数的 C 语言程序。图中的地址是将 C 语言编译成机器语言后运行时的地址。由于 1 行 C 语言程序在编译后通常会变成多行的机器语言，所以图中的地址是离散的。

此外，通过跳转指令把程序计数器的值设定成 0260 也可实现调用 MyFunc 函数。函数的调用原点（0132 地址）和被调用函数（0260 地址）之间的数据传递，可以通过内存或寄存器来实现。不过，当函数处理进行到最后的 0354 地址时，我们知道应该将程序计数器的值设定成函数调用后要执行的 0154 地址，但实际上这一操作根本无法实现。那么，怎么办才好呢？

机器语言的 call 指令和 return 指令能够解决这个问题。建议大家把二者结合起来来记忆。函数调用使用的是 call 指令，而不是跳转指令。在将函数的入口地址设定到程序计数器之前，**call 指令**会把调用函数后

---

① 很多高级编程语言都采用类似于 y=f(x) 这样的数学函数的语法来记述编写处理。我们知道，该数学函数的意思是将 x 这个值通过 f 处理后得到数值 y。如果套用函数的语法，x 就是参数，y 就是返回值，执行函数的功能就是函数调用。

要执行的指令地址存储在名为栈[①]的主存内。函数处理完毕后，再通过函数的出口来执行 return 命令。**return 命令**的功能是把保存在栈中的地址设定到程序计数器中。如图 1-7 所示，MyFunc 函数被调用之前，0154 地址保存在栈中。MyFunc 函数的处理完毕后，栈中的 0154 地址就会被读取出来，然后再被设定到程序计数器中（图 1-8 ）。

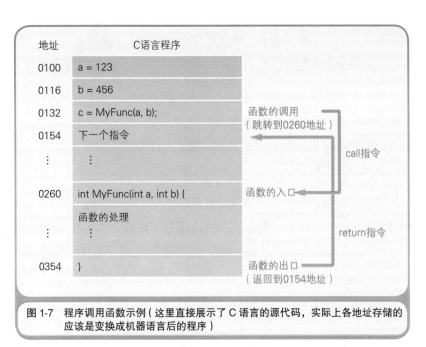

图 1-7 程序调用函数示例（这里直接展示了 C 语言的源代码，实际上各地址存储的应该是变换成机器语言后的程序）

---

① 栈（stack）本来是"干草等堆积如山"的意思。在程序领域中，通常使用该词来表示不断地存储各种数据的内存区域。函数调用后之所以能正确地返回调用前的地址，就是栈的功劳。关于栈，我们会在第 4 章进行详细说明。

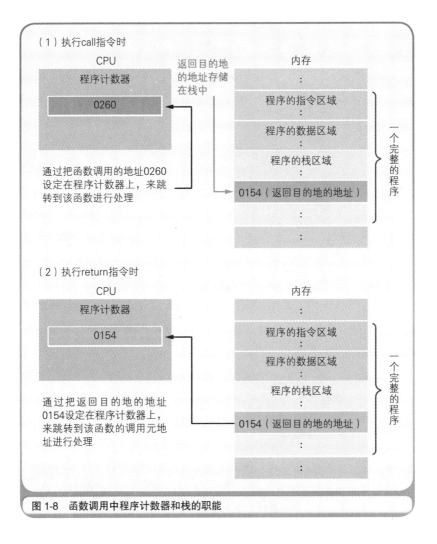

图 1-8　函数调用中程序计数器和栈的职能

　　在编译高级编程语言的程序后，函数调用的处理会转换成 call 指令，函数结束的处理则会转换成 return 指令。这样一来，程序的运行也就变得非常流畅。

1.6 通过地址和索引实现数组

接下来我们看一下表 1-1 中出现的**基址寄存器**和**变址寄存器**。通过这两个寄存器，我们可以对主内存上特定的内存区域进行划分，从而实现类似于数组[①]的操作。

首先，我们用十六进制数[②]将计算机内存上 00000000～FFFFFFFF 的地址划分出来。那么，凡是该范围的内存区域，只要有一个 32 位的寄存器，即可查看全部的内存地址。但如果想要像数组那样分割特定的内存区域以达到连续查看的目的，使用两个寄存器会更方便些。例如，查看 10000000 地址～1000FFFF 地址时，如图 1-9 所示，可以将 10000000 存入基址寄存器，并使变址寄存器的值在 00000000～0000FFFF 变化。CPU 则会把基址寄存器 + 变址寄存器的值解释为实际查看的内存地址。变址寄存器的值就相当于高级编程语言程序中数组的索引功能。

---

① 数组是指同样长度的数据在内存中进行连续排列的数据结构。用一个数组名来表示全体数据，通过索引来区分数组的各个数据（元素）。例如，一个 10 个元素的数组 a，其中的各个数据就用 a[0]～a[9] 来表示。[] 内的数字 0～9 就是索引。

② 二进制数的位数较多、不易理解时，通常使用十六进制数来代替二进制数。这是一种数到 16 就进位的计数方式。我们用 A～F 来分别表示 10～15，那么，二进制数的 4 位（0000～1111）就可以用十六进制数的 1 位（0～F）来表示。32 位的二进制数，就可以用 8 位的十六进制数来表示。

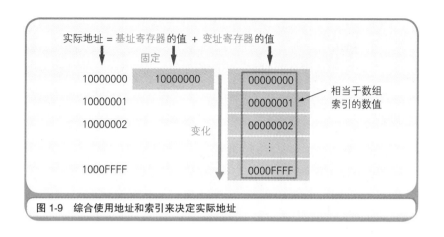

图 1-9　综合使用地址和索引来决定实际地址

1.7　CPU 的处理其实很简单

　　可能有些读者不知道机器语言和汇编语言的指令到底有多少种，因而对 CPU 的运行没什么概念。为了消除大家心中的这个疑团，接下来我们就来看一下机器语言指令到底有哪些种类。表 1-2 按照功能对 CPU 能执行的机器语言指令进行了大体分类。这里没有列出指令的具体名称（汇编语言的助记符）。看完表后你会惊奇地发现，原来 CPU 可以进行的处理非常少。虽然高级编程语言编写的程序看起来非常复杂，但 CPU 实际处理的事情就是这么简单。这样一来，大家是不是能够消除"计算机机制看起来很难"这个印象了呢？

表 1-2　机器语言指令的主要类型和功能

类　型	功　能
数据转送指令	寄存器和内存、内存和内存、寄存器和外围设备[①]之间的数据读写操作
运算指令	用累加寄存器执行算术运算、逻辑运算、比较运算和移位运算
跳转指令	实现条件分支、循环、强制跳转等
call/return 指令	函数的调用 / 返回调用前的地址

---

① 外围设备指的是连接到计算机的键盘、鼠标、显示器、设备装置、打印机等。

　　如果大家读完上文后有种恍然大悟的感觉，对程序的运行机制有了一个整体的印象，那么本书的目的也就达到了。只要对程序的运行机制有了一个整体印象，相信大家的编程能力和应用能力也会快速得到提高。现在再看之前写出来的程序，是不是感觉它们也变得活灵活现了呢？

　　本章在介绍标志寄存器时，提到过"位"这个专业术语。1 位代表二进制数的一个字节位，这一点对了解计算机的运算机制非常重要。在下一章中，我们将以位为基础，向大家介绍一下二进制数和浮点数这些数据形式，以及逻辑运算和位操作等相关知识。

第2章

数据是用二进制数
表示的

热身问答

阅读正文前，让我们先回答下面的问题来热热身吧。

问题

1. 32 位是几个字节？

2. 二进制数 01011100 转换成十进制数是多少？

3. 二进制数 00001111 左移两位后，会变成原数的几倍？

4. 补码形式表示的 8 位二进制数 11111111，用十进制数表示
   的话是多少？

5. 补码形式表示的 8 位二进制数 10101010，用 16 位的二进
   制数表示的话是多少？

6. 反转部分图形模式时，使用的是什么逻辑运算？

怎么样? 是不是发现有一些问题无法简单地解释清楚呢? 下面是笔者的答案和解析,供大家参考。

答案 •

1. 4 字节
2. 92
3. 4 倍
4. −1
5. 1111111110101010
6. XOR 运算

解析 •

1. 因为 8 位 = 1 字节, 所以 32 位就是 32 ÷ 8 = 4 字节。

2. 将二进制数的各数位的值和位权相乘后再相加, 即可转换成十进制数。

3. 二进制数左移 1 位后会变成原来的值的 2 倍。左移两位后, 就是 2 倍的 2 倍, 即 4 倍。

4. 所有位都是 1 的二进制数, 用十进制数表示的话就是 −1。

5. 使用原数的最高位 1 来填充高位。

6. XOR 运算只反转与 1 相对应的位。NOT 运算是反转所有的位。

要想对程序的运行机制形成一个大致印象，就要了解信息（数据）在计算机内部是以怎样的形式来表现的，又是以怎样的方法进行运算的。在 C 和 Java 等高级语言编写的程序中，数值、字符串和图像等信息在计算机内部都是以二进制数值的形式来表现的。也就是说，只要掌握了使用二进制数来表示信息的方法及其运算机制，也就自然能够了解程序的运行机制了。那么，为什么计算机处理的信息要用二进制数来表示呢？接下来我们就从其原因开始说起。

2.1 用二进制数表示计算机信息的原因

想必大家都知道计算机内部是由 IC[①] 这种电子部件构成的。第 1 章介绍的 CPU（微处理器）和内存也是 IC 的一种。IC 有几种不同的形状，有的像一条黑色蜈蚣，在其两侧有数个乃至数百个引脚；有的则像插花用的针盘，引脚在 IC 内部并排排列着。IC 的所有引脚，只有直流电压 0V 或 5V[②] 两个状态。也就是说，IC 的一个引脚，只能表示两个状态。

IC 的这个特性，决定了计算机的信息数据只能用二进制数来处理。由于 1 位（一个引脚）只能表示两个状态，所以二进制的计数方式就变成了 0、1、10、11、100…这种形式。虽然二进制数并不是专门为 IC 而设计的，但是和 IC 的特性非常吻合（图 2-1）。计算机处理信息的最

---

① IC 是集成电路（Integrated Circuit）的简称，有模拟 IC 和数字 IC 两种。本章介绍的是数字 IC。关于内存 IC，我们会在第 4 章详细说明。

② 大部分 IC 的电源电压都是 +5V。不过，为了控制电量的消耗，有的 IC 也会使用 +5V 以下的电压。如果 IC 使用的电源电压为 +5V，那么引脚状态就只只是 0V 和 +5V，还存在不接收电流信号的高阻抗（high impedance）状态。但在本书中，我们暂时不考虑高阻抗状态。

小单位——**位**，就相当于二进制中的一位。位的英文 bit 是二进制数位
（binary digit）的缩写。

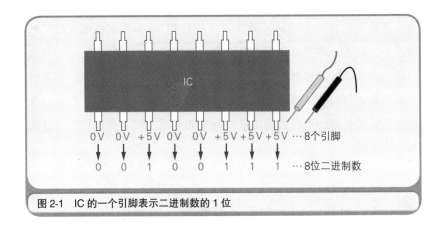

图 2-1 IC 的一个引脚表示二进制数的 1 位

二进制数的位数一般是 8 位、16 位、32 位……也就是 8 的倍数，
这是因为计算机所处理的信息的基本单位是 8 位二进制数。8 位二进制
数被称为一个**字节**[①]。字节是最基本的信息计量单位。位是最小单位，
字节是基本单位。内存和磁盘都使用字节单位来存储和读写数据，使
用位单位则无法读写数据。因此，字节是信息的基本单位。

用字节单位处理数据时，如果数字小于存储数据的字节数（＝二进
制数的位数），那么高位上就用 0 填补。例如，100111 这个 6 位二进制
数，用 8 位（＝1 字节）表示时为 00100111，用 16 位（＝2 字节）表示
时为 0000000000100111。奔腾等 32 位微处理器，具有 32 个引脚以用
于信息的输入和输出。也就是说，奔腾一次可以处理 32 位（32 位＝4
字节）的二进制数信息。

---

① 字节是由 bite（咬）一词而衍生出来的词语。8 位（8 bit）二进制数，就类
似于"咬下的一口"，因此被视为信息的基本单位。

程序中，即使是用十进制数和文字等记述信息，在编译后也会转换成二进制数的值，所以，程序运行时计算机内部处理的也是用二进制数表示的信息（图 2-2）。

图 2-2　计算机内部所有信息都用二进制数处理

对于用二进制数表示的信息，计算机不会区分它是数值、文字，还是某种图片的模式等，而是根据编写程序的各位对计算机发出的指示来进行信息的处理（运算）。例如 00100111 这样的二进制数，既可以视为纯粹的数值作加法运算，也可以视为 "'"（单引号，single quotation）文字而显示在显示器上，或者视为■■□■■□□□这一图形模式印刷出来。具体进行何种处理，取决于程序的编写方式。

2.2　什么是二进制数

什么是二进制数？为了更清晰地说明二进制数的机制，首先让我们把 00100111 这个二进制数值转换成十进制数值来看一下。二进制数的值转换成十进制数的值，只需将二进制数的各数位的值和位权相乘，然后将相乘的结果相加即可（图 2-3）。

假使有人问你："为什么使用这样的转换方法呢？你能解释一下吗？"你这么回答是不行的："不知道原因，只是把方法背下来了。"我们了解了二进制数的机制后，再看二进制数转换成十进制数的方法，就没有死记硬背的必要了。下面我们会对照着十进制数来说明二进制数的机制，这部分是重点，请大家一定要掌握。

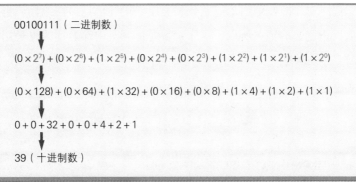

00100111（二进制数）

$(0 \times 2^7) + (0 \times 2^6) + (1 \times 2^5) + (0 \times 2^4) + (0 \times 2^3) + (1 \times 2^2) + (1 \times 2^1) + (1 \times 2^0)$

$(0 \times 128) + (0 \times 64) + (1 \times 32) + (0 \times 16) + (0 \times 8) + (1 \times 4) + (1 \times 2) + (1 \times 1)$

$0 + 0 + 32 + 0 + 0 + 4 + 2 + 1$

39（十进制数）

图 2-3　二进制数转换成十进制数的方法

　　首先，让我们从位权的含义说起。例如，十进制数 39 的各个数位的数值，并不只是简单的 3 和 9，这点大家应该都知道。3 表示的是 $3 \times 10 = 30$，9 表示的是 $9 \times 1 = 9$。这里和各个数位的数值相乘的 10 和 1，就是**位权**。数字的位数不同，位权也不同。第 1 位（最右边的一位）是 10 的 0 次幂[①]（= 1），第 2 位是 10 的 1 次幂（= 10），第 3 位是 10 的 2 次幂（= 100），依此类推。这部分相信大家都能够理解。那么，我们就继续讲一下二进制数。

　　位权的思考方式也同样适用于二进制数。即第 1 位是 2 的 0 次幂（= 1），第 2 位是 2 的 1 次幂（= 2），第 3 位是 2 的 2 次幂（= 4），……，第 8 位是 2 的 7 次幂（= 128）。"○○的 ×× 次幂"表示位权，其中，十进制数的情况下○○部分为 10，二进制数的情况下则为 2。这个称为**基数**[②]。十进制数是以 10 为基数的计数方法，二进制数则是以 2 为基数的计数方法。"○○的 ×× 次幂"中的 ××，在任何进制数中都是

---

① 所有数的 0 次幂都是 1。

② 数值的表现方法，进位计数制中各数位上可能有的数值的个数。十进制数的基数是 10，二进制数的基数是 2。

"数的位数 -1"。即第 1 位是 1 - 1 = 0 次幂，第 2 位是 2 - 1 = 1 次幂，第 3 位是 3 - 1 = 2 次幂。

接下来，让我们来解释一下各数位的数值和位权相乘后"相加"这个处理的原因。其实大家所说的数值，表示的就是构成数值的各数位的数值和位权相乘后再相加的结果。例如 39 这个十进制数，表示的就是 30 + 9，即各数位的数值和位权相乘后再相加的数值。

这种思考方式在二进制数中也是通用的。二进制数 00100111 用十进制数表示的话是 39，因为 $(0 \times 128) + (0 \times 64) + (1 \times 32) + (0 \times 16) + (0 \times 8) + (1 \times 4) + (1 \times 2) + (1 \times 1) = 39$。大家明白了吗？

2.3 移位运算和乘除运算的关系

在了解了二进制数的机制后，接下来我们来看一下运算。和十进制数一样，四则运算同样也可以使用在二进制数中，只要注意逢 2 进位即可。下面，我们就来重点看一下二进制数所特有的运算。二进制数所特有的运算，也是计算机所特有的运算，因此可以说是了解程序运行原理的关键。

首先我们来介绍移位运算。**移位运算**指的是将二进制数值的各数位进行左右移位（shift = 移位）的运算。移位有左移（向高位方向）和右移（向低位方向）两种。在一次运算中，可以进行多个数位的移位操作。

代码清单 2-1 中列出的是把变量 a 中保存的十进制数值 39 左移两位后再将运算结果存储到变量 b 中的 C 语言程序。<< 这个运算符表示左移，右移时使用 >> 运算符。<< 运算符和 >> 运算符的左侧是被移位的值，右侧表示要移位的位数。那么，这个示例程序运行后，变量 b

的值是多少，大家知道吗？

代码清单 2-1　将变量 a 的值左移两位的 C 语言程序

```
a = 39;
b = a << 2;
```

如果你认为"由于移位运算是针对二进制数值的位操作，十进制数
39 的移位操作就行不通了"，那么就请重新读一下本章的内容。无论程
序中使用的是几进制，计算机内部都会将其转换成二进制数来处理，
因此都能进行移位操作。但是，"左移后空出来的低位，要补上什么样
的数值呢？"想到这个问题的人真是思维敏锐！空出来的低位要进行补
0 操作。不过，这一规则只适用于左移运算。至于右移时空出来的高位
要进行怎样的操作，我们会在后面说明。此外，移位操作使最高位或
最低位溢出的数字，直接丢弃就可以了。

接下来让我们继续来看代码清单 2-1。十进制数 39 用 8 位的二进制
表示是 00100111，左移两位后是 10011100，再转换成十进制数就是 156。
不过这里没有考虑数值的符号。至于其原因，之后大家就知道了。

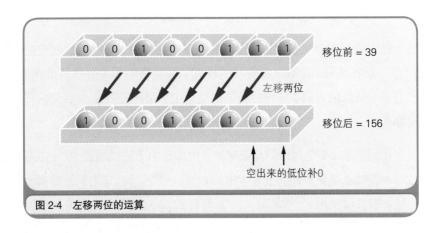

图 2-4　左移两位的运算

实际的程序中，移位运算以及将在本章最后介绍的逻辑运算在使用位单位处理信息的情况下比较常用。虽然这里没有列举具体的程序示例，但对程序员来说，掌握位运算和逻辑运算的机制是一项基本技能，所以一定要掌握。形象地说，移位运算就好比使用二进制表示的图片模式像霓虹灯一样左右流动的样子。

不过，移位运算也可以通过数位移动来代替乘法运算和除法运算。例如，将00100111左移两位的结果是10011100，左移两位后数值变成了原来的4倍。用十进制数表示的话，数值从39（00100111）变成了156（10011100），也正好是4倍（39×4 = 156）。

其实，反复思考几遍后就会发现确实如此。十进制数左移后会变成原来的10倍、100倍、1000倍……同样，二进制数左移后就会变成原来的2倍、4倍、8倍……反之，二进制数右移后则会变成原来的1/2、1/4、1/8……这样一来，大家应该能够理解为什么移位运算能代替乘法运算和除法运算了吧。

2.4 便于计算机处理的"补数"

刚才之所以没有介绍有关右移的内容，是因为用来填充右移后空出来的高位的数值，有0和1两种形式。要想区分什么时候补0什么时候补1，只要掌握了用二进制数表示负数的方法即可。这部分内容较多，接下来我们就一起来看看表示负数的方法和右移的方法。

二进制数中表示负数值时，一般会把最高位作为符号来使用，因此我们把这个最高位称为符号位。**符号位**是0时表示正数，符号位是1时表示负数。那么 -1 用8位二进制数来表示的话是什么样的呢？可能很多人会认为"1的二进制数是00000001，因此 -1 就是10000001"，但这个答案是错的，正确答案是 11111111。

计算机在做减法运算时，实际上内部是在做加法运算。用加法运算来实现减法运算，是不是很新奇呢？为此，在表示负数时就需要使用"二进制的补数"。**补数**就是用正数来表示负数，很不可思议吧。

为了获得补数，我们需要将二进制数的各数位的数值全部取反[①]，然后再将结果加 1。例如，用 8 位二进制数表示 −1 时，只需求得 1，也就是 00000001 的补数即可。具体来说，就是将各数位的 0 取反成 1，1 取反成 0，然后再将取反的结果加 1，最后就转化成了 11111111（图 2-5）。

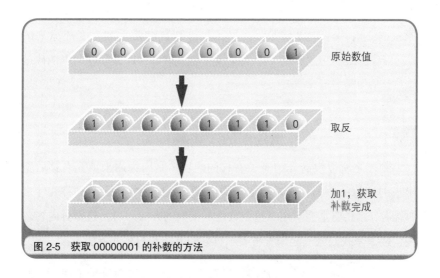

图 2-5 获取 00000001 的补数的方法

补数的思考方式，虽然直观上不易理解，但逻辑上却非常严谨。

[①] 这里所说的取反是指，把二进制数各数位的 0 变成 1，1 变成 0。例如 00000001 这个 8 位二进制数取反后就成了 11111110。

例如 1 − 1，也就是 1 + (− 1) 这一运算，我们都知道答案应该是 0。首先，让我们将 −1 表示成 10000001（错误的表示方法）来运算，看看结果如何。00000001 + 10000001 = 10000010，很明显结果不是 0（图 2-6）。如果结果是 0，那么所有的数位都应该是 0 才对。

```
    00000001 … 1的表示方法是正确的
  + 10000001 … −1的表示方法是错误的
    10000010 … 1+(−1)的运算结果不为0，是错误的
```

图 2-6　负数表示有误时的情况

接下来，让我们把 −1 表示成 11111111（正确的表示方法）来进行运算。00000001 + 11111111 确实为 0（= 00000000）。这个运算中出现了最高位溢出的情况，不过，正如之前所介绍的那样，对于溢出的位，计算机会直接忽略掉。在 8 位的范围内进行计算时，100000000 这个 9 位二进制数就会被认为是 00000000 这一 8 位二进制数（图 2-7）。

```
     00000001 … 1的表示方法是正确的
   + 11111111 … −1的表示方法是正确的
  ①100000000 … 1+(−1)的运算结果为0，是正确的
     ↑
   这个位溢出会被忽略
```

图 2-7　负数表示正确时的情况

补数求解的变换方法就是"取反 + 1"。为什么使用补数后就能正确地表示负数了呢？为了加深印象，我们来看一下图 2-7，与此同时也希望大家能够牢记"将二进制数的值取反后加 1 的结果，和原来的值相

加，结果为0"这一法则①。首先，大家可以用1和-1的二进制形式，来彻底地了解补数的相关内容。除了1+(-1)之外，2+(-2)、39+(-39)等同样如此。总之，要想使结果为0，就必须通过补数来实现。

当然，结果不为0的运算同样可以通过使用补数得到正确的结果。不过，有一点需要注意，当运算结果为负数时，计算结果的值也是以补数的形式来表示的。比如3-5这个运算，用8位二进制数表示3时为00000011，而5=00000101的补数为"取反+1"，也就是11111011。因此3-5其实就是00000011+11111011的运算。

00000011+11111011的运算结果为11111110，最高位变成了1。这就表示结果是一个负数，这点大家应该都能理解。那么11111110表示的负数是多少大家知道吗？这时我们可以利用负负得正这个性质。假若11111110是负△△，那么11111110的补数就是正△△。通过求解补数的补数，就可知该值的绝对值。11111110的补数，取反加1后为00000010。这个是2的十进制数。因此，11111110表示的就是-2。我们也就得到了3-5的正确结果（图2-8）。

```
        00000011 … 3
      + 11111011 … 用补数表示的-5
        11111110 … 用补数表示的运算结果-2
```

图2-8 3-5的运算结果

---

① 例如，00000001和取反后的11111110相加，结果为11111111，全部数位均为1。因此，比11111110大1的数加上00000001后，11111111变为9位的100000000。由于在8位的范围内运算时第9位会被计算机忽略，因此结果就变成了00000000。

编程语言包含的整数数据类型[①]中，有的可以处理负数，有的则不能处理。例如，C 语言的数据类型中，既有不能处理负数的 unsigned short 类型，也有能处理负数的 short 类型。这两种类型，都是 2 字节（=16 位）的变量，都能表示 2 的 16 次幂 = 65536 种值，这一点是相同的。不过，值的范围有所不同，short 类型是 – 32768～32767，unsigned short 类型是 0～65535。此外，short 类型和 unsigned short 类型的另一个不同点在于，short 类型将最高位为 1 的数值看作补数，而 unsigned short 类型则将其看作 32768 及以上的值。

仔细思考一下补数的机制，大家就会明白像 – 32768～32767 这样负数比正数多一个的原因了。最高位是 0 的正数，有 0～32767 共 32768 个，这其中也包含 0。最高位是 1 的负数，有 – 1～ – 32768 共 32768 个，这其中不包含 0。也就是说，0 包含在正数范围内，所以负数就要比正数多 1 个。虽然 0 不是正数，但考虑到符号位，就将其划分到了正数中。

2.5 逻辑右移和算术右移的区别

在了解了补数后，让我们返回到右移这个话题。前文已经介绍过，右移有移位后在最高位补 0 和补 1 两种情况。当二进制数的值表示图形模式而非数值时，移位后需要在最高位补 0。类似于霓虹灯往右滚动的效果。这就称为**逻辑右移**（图 2-9）。

[①] 多数编程语言都会把数据代入变量来进行处理。变量中会指定可以存储的数值的种类（整数还是小数）和表示数值大小（位数）的数据类型。C 语言的数据类型中，有用于整数的 char、unsigned char、short、unsigned short、int、unsigned int 和用于小数的 float、double 等。关于数据类型的详细内容，我们会在第 4 章进行说明。

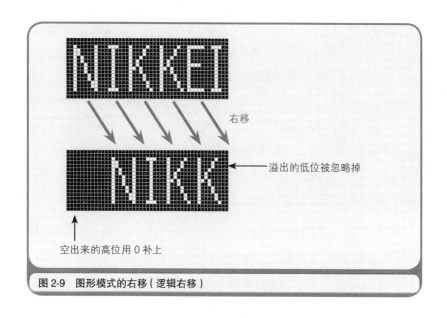

右移

溢出的低位被忽略掉

空出来的高位用 0 补上

图 2-9　图形模式的右移（逻辑右移）

将二进制数作为带符号的数值进行运算时，移位后要在最高位填充移位前符号位的值（0 或 1）。这就称为**算术右移**。如果数值是用补数表示的负数值，那么右移后在空出来的最高位补 1，就可以正确地实现 1/2、1/4、1/8 等的数值运算。如果是正数，只需在最高位补 0 即可。

现在我们来看一个右移的例子。将 – 4（=11111100）右移两位。这时，逻辑右移的情况下结果就会变成 00111111，也就是十进制数 63，显然不是 – 4 的 1/4。而算术右移的情况下，结果就会变成 11111111，用补数表示就是 – 1，即 – 4 的 1/4（图 2-10）。

只有在右移时才必须区分逻辑位移和算术位移。左移时，无论是图形模式（逻辑左移）还是相乘运算（算术左移），都只需在空出来的低位补 0 即可。

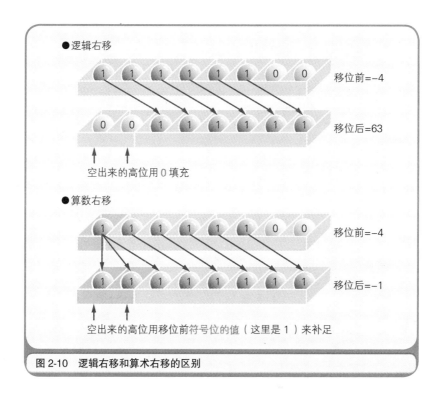

图 2-10 逻辑右移和算术右移的区别

　　下面顺便介绍一下符号扩充。以 8 位二进制数为例，**符号扩充**就是指在保持值不变的前提下将其转换成 16 位和 32 位的二进制数。将 01111111 这个正的 8 位二进制数转换成 16 位二进制数时，很容易就能得出 0000000001111111 这个正确结果，但是像 11111111 这样用补数来表示的数值，该如何处理比较好呢？实际上处理方法非常简单，将其表示成 1111111111111111 就可以了。也就是说，不管是正数还是用补数表示的负数，都只需用符号位的值（0 或者 1）填充高位即可。这就是符号扩充的方法。图 2-11 向我们展示了将符号位扩充到高位的具体流程。

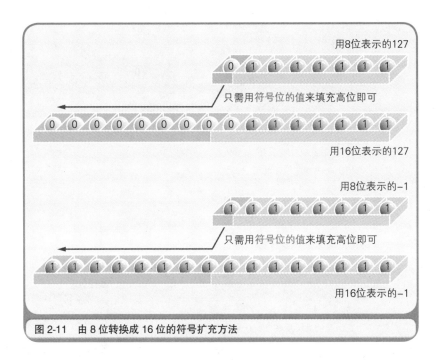

用8位表示的127

只需用符号位的值来填充高位即可

用16位表示的127

用8位表示的-1

只需用符号位的值来填充高位即可

用16位表示的-1

图2-11　由8位转换成16位的符号扩充方法

2.6　掌握逻辑运算的窍门

　　解释逻辑右移时，提及了"逻辑"这个术语。大家听到逻辑这个词可能会感觉有些难，但实际上它很简单。在运算中，与逻辑相对的术语是算术。我们不妨这样考虑，将二进制数表示的信息作为四则运算的数值来处理就是**算术**。而像图形模式那样，将数值处理为单纯的0和1的罗列就是**逻辑**。

　　计算机能处理的运算，大体可分为算术运算和逻辑运算。**算术运算**是指加减乘除四则运算。**逻辑运算**是指对二进制数各数字位的0和1分别进行处理的运算，包括逻辑非（NOT运算）、逻辑与（AND运算）、逻辑或（OR运算）和逻辑异或（XOR运算[1]）四种。

---

① XOR 是英语 exclusive or 的缩写。有时也将 XOR 称为 EOR。

逻辑非指的是 0 变成 1、1 变成 0 的取反操作。逻辑与指的是"两个都是 1"时，运算结果为 1，其他情况下运算结果都为 0 的运算。逻辑或指的是"至少有一方是 1"时，运算结果为 1，其他情况下运算结果都是 0 的运算。逻辑异或指的是排斥相同数值的运算。"两个数值不同"，也就是说，当"其中一方是 1，另一方是 0"时运算结果是 1，其他情况下结果都是 0。不管是几位的二进制数，在进行逻辑运算时，都是对相对应的各数位分别进行运算。

表 2-1～表 2-4 总结了各逻辑运算的结果。这些表称为真值表。如果将二进制数的 0 作为假（false）、1 作为真（true）来考虑，逻辑运算也可以被认为是真假的运算。真和真的 AND 运算结果为真，实际上也确实如此。因为如果两方面都是真，答案就是真。

表 2-1　逻辑非（NOT）的真值表

A 的值	NOT A 的运算结果
0	1
1	0

表 2-2　逻辑与（AND）的真值表

A 的值	B 的值	A AND B 的运算结果
0	0	0
0	1	0
1	0	0
1	1	1

表 2-3　逻辑或（OR）的真值表

A 的值	B 的值	A OR B 的运算结果
0	0	0
0	1	1
1	0	1
1	1	1

表 2-4　逻辑异或（XOR）的真值表

A 的值	B 的值	A XOR B 的运算结果
0	0	0
0	1	1
1	0	1
1	1	0

掌握逻辑运算的窍门，就是要摒弃用二进制数表示数值这一想法。大家不要把二进制数表示的值当作是数值，而应该把它看作是图形或者开关上的 ON/OFF（1 是 ON，0 是 OFF）。逻辑运算的运算对象不是数值，因此不会出现进位的情况。看起来好像有些麻烦，总之就是不

要将它作为数值来考虑。另外，还有一点非常重要，就是要对各种逻辑运算分别能实现什么有一个整体印象。形成这样的印象后，即使不看真值表也能判断出运算的结果。

图 2-12 表示的是对 NIKKEI 的头两个字母 NI 这一图形模式进行各种逻辑运算后的结果。假设白色部分表示 1，黑色部分表示 0。通过图 2-12，我们就会对逻辑运算有一个具体的把握，即"逻辑非是所有位的取反操作""逻辑与是将一部分变为 0（复位到 0）的操作""逻辑或是将一部分变为 1（复位到 1）的操作""逻辑异或是将一部分进行取反（相同取 0，不同取 1）的操作"。

逻辑非运算时，全部取反

NOT ■ = ■

逻辑与运算时，表示 1 的部分不变，表示 0 的部分变成 0

逻辑或运算时，表示 0 的部分不变，表示 1 的部分变成 1

逻辑异或运算时，表示 0 的部分不变，表示 1 的部分取反

图 2-12　对图形模式进行 4 种逻辑运算的结果（这里白色部分表示 1，黑色部分表示 0）

　　学完本章后，大家应该对二进制数、移位运算、逻辑运算都十分了解了吧。不过，二进制数的小数 1011.0011 用十进制数来表示的话是多少呢？大家知道吗？想必大家也都很关心如何用二进制数来表示小数这一问题。下一章会有详细说明。

如果是你，你会怎样介绍？

向小学生讲解 CPU 和二进制

下面，我想邀请正在阅读本书的各位读者来进行一个挑战，那就是向完全不了解程序的人介绍程序的工作原理。如果理解了程序的本质，相信大家都可以用通俗易懂的语言进行讲解。当然了，介绍时不可以使用计算机专业术语。本书的专栏是笔者向一年级小学生及老奶奶介绍程序工作原理的一个尝试。亲爱的读者们，如果是你，你会怎样介绍呢？请在阅读以下内容的同时也思考一下吧。

笔者：大家见过电脑吗？

小学生：当然了！

笔者：在哪里见过呢？

小学生：学校里就有。

笔者：大家通常用电脑做什么呢？

小学生：画图或者上网。

笔者：不错！看来大家经常用电脑呀。那么，大家知道电脑内部是怎么构成的吗？

小学生：不知道……

笔者：那就让叔叔来告诉你们吧。来，大家看这里！

小学生：这是什么呀？

笔者：这个叫作 CPU，是电脑的零部件。正因为有了它，大家才能在电脑上画图和上网。算术计算的时候也会用到哦。电脑中有很多部件，最重要的就是这个 CPU。

小学生：咦，上面有好多昆虫一样的小脚（引脚）呢。

笔者：不错，挺善于观察的嘛！这个引脚会有电流通过。

小学生：通电后会怎么样啊？会发光吗？

笔者：CPU 不会发光。但是，通过电流信号，我们就可以给 CPU 发送指令或者传递数字信息等。比如说，让电脑计算 1+2 的时候，就要把进行加法计算的命令和 1 和 2 这两个数字传递给 CPU。

小学生：电流是怎么把指令和数字告诉 CPU 的呢？

笔者：不错不错，又注意到一个有意思的地方。CPU 的引脚有电流通过时，数值为 1，没有电流通过的时候数值为 0，这是 CPU 里的规定。咱们平时使用的是 0～9 这 10 个数字，而电脑只用 0 和 1 这两个数字符号。怎么样，是不是很有意思呀？

小学生：就用 0 和 1，不会不够用吗？

笔者：不会啊！咱们来数数看。0、1、10、11、100、…、1010。你看，还是够用的。

小学生：1 的下一个是 10（一零），这好奇怪呀！

笔者：(呵呵呵，马上就要讲到重点了) 不奇怪啊！这就是二进制数的计数方式。咱们用 0、1、2、3、…、9、10 这样的顺序来计数，数到 9 以后下一个就是 10，这就是十进制数的计数方式。电脑使用的是二进制数，用 0 和 1 来计

数，所以 0 和 1 的下一个数就是 10 了。

小学生：啊，不太明白呀……

笔者：(啊啊，不妙啊……) 咱们换一种方式来考虑。咱们还是用 0～9 的数字来计数。但在遥远的宇宙边缘，生活着只用数字 0 和 1 的外星人。电脑就跟这个外星人差不多。这样讲大家明白了吧？

小学生：？？？

笔者：明白了吗？

小学生：嗯……

笔者：回答得这么不干脆啊？

小学生：差不多……明白了吧。

第 3 章

计算机进行小数运算时出错的原因

热身问答

阅读正文前，让我们先回答下面的问题来热热身吧。

问题

1. 二进制数 0.1，用十进制数表示的话是多少？

2. 用小数点后有 3 位的二进制数，能表示十进制数 0.625 吗？

3. 将小数分为符号、尾数、基数、指数 4 部分进行表现的形式称为什么？

4. 二进制数的基数是多少？

5. 通过把 0 作为数值范围的中间值，从而在不使用符号位的情况下来表示负数的表示方法称为什么？

6. 10101100.01010011 这个二进制数，用十六进制数表示的话是多少？

怎么样？是不是发现有一些问题无法简单地解释清楚呢？下面是笔者的答案和解析，供大家参考。

答案

1. 0.5
2. 能表示
3. 浮点数（浮点数形式）
4. 2
5. EXCESS 系统表现
6. AC.53

解析

1. 二进制数的小数点后第一位的位权是 2^{-1}= 0.5。也就是说，二进制数 0.1 → 1 × 0.5 →十进制数 0.5。
2. 十进制数 0.625 转换成二进制数是 0.101。
3. 浮点数是指把小数用"符号 尾数 × 基数的指数次幂"这种形式来表示。
4. 二进制数的基数是 2，十进制数的基数是 10。以此类推，× × 进制数的基数就是 × ×。
5. EXCESS 是"剩余的"的意思。例如，把 01111111 看作是 0 的话，比这个数小 1 的 01111110 就是 –1。
6. 整数部分和小数部分一样，二进制数的 4 位，就相当于十六进制数的 1 位。

本章
重点

　　大家可能会认为"万能的计算机是不会出现计算
错误的"。但实际上，依然存在程序运行后无法得到正
确数值的情况。其中，小数运算就是一个典型的例子。本章将会说明
计算机进行小数处理的机制。这也是所有程序员都需要掌握的基础知
识之一。掌握了这个知识，也就了解了计算机在运算时为什么会出错，
以及应该如何避免出错。这个问题可能会有些难懂，因此本章进行了
非常详细的说明，也请大家仔细阅读。

3.1　将 0.1 累加 100 次也得不到 10

　　首先，我们来看一个计算机运算错误（无法得到正确结果）的例
子。代码清单 3-1 是将 0.1 累加 100 次，然后将结果输出到显示器上的
C 语言程序。

代码清单 3-1　将 0.1 累加 100 次的 C 语言程序

```c
#include <stdio.h>

void main(){
    float sum;
    int i;

    // 将保存总和的变量清0
    sum = 0;

    //0.1 相加 100 次
    for (i = 1;  i <= 100; i++) {
        sum += 0.1;
    }

    // 显示结果
    printf("%f\n", sum);
}
```

首先把 0 赋值给变量 *sum*，然后在此基础上累加 100 次 0.1。*sum* + = 0.1; 表示为现在的 *sum* 值加 0.1。for(*i* = 1; *i* <= 100; *i*++){...} 表示将 {} 内包含的处理重复 100 次。最后，使用 printf("%f\n", *sum*);，将累加 100 次 0.1 后的变量 *sum* 的值输出到显示器上。

大家心算一下就能知道，0.1 累加 100 次后的结果是 10。但是，代码清单 3-1 的程序运行后，显示器上显示的结果并不是 10（图 3-1）。

图 3-1　代码清单 3-1 的运行结果不是 10

程序没错，计算机也没有发生故障，当然，C 语言也没有什么问题。可为什么会出现这样的结果呢？这时，如果考虑一下计算机处理小数的机制，就讲得通了。那么，计算机内部是如何处理小数的呢？

3.2　用二进制数表示小数

在第 2 章中，我们对整数的二进制数表现方法做了说明。由于计算机内部所有的信息都是以二进制数的形式来处理的，因此在这一点上，整数和小数并无差别。不过，使用二进制数来表示整数和小数的方法却有很大的不同。

在说明计算机如何用二进制数表示小数的具体方法前，我们先做个热身，把 1011.0011 这个有小数点的二进制数转换成十进制数。小数

点前面部分的转换方法在第 2 章中已经介绍过了。只需将各数位数值
和位权 [1] 相乘，然后再将相乘的结果相加即可实现。那么，小数点后面
的部分要如何进行转换呢？其实，它的处理和整数是一样的，将各数
位的数值和位权相乘的结果相加即可（图 3-2）。

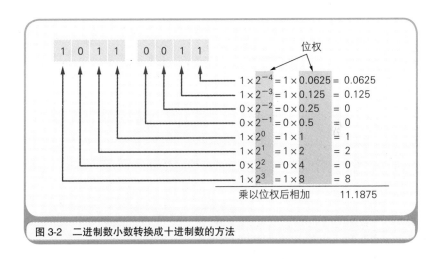

图 3-2　二进制数小数转换成十进制数的方法

　　二进制数小数点前面部分的位权，第 1 位是 2 的 0 次幂、第 2 位
是 2 的 1 次幂……以此类推。小数点后面部分的位权，第 1 位是 2
的 -1 次幂、第 2 位是 2 的 -2 次幂，以此类推。0 次幂前面的位的位权
按照 1 次幂、2 次幂……的方式递增，0 次幂以后的位的位权按照 -1
次幂、-2 次幂……的方式递减。这一规律并不仅限于二进制数，在十
进制数和十六进制数中也同样适用。既然二进制数的小数点后第 3 位
是 2 的 -3 次幂（0.125），第 4 位是 2 的 -4 次幂（0.0625），那么小数点
以后的 .0011 转换成十进制数就应该是 $0.125 + 0.0625 = 0.1875$。此外，
由于整数部分的 1011 转换成十进制数是 11。因此，二进制数
1011.0011 转换成十进制数就是 $11 + 0.1875 = 11.1875$。

① 位权是用来与各数字位的数字相乘的数值，具体请参照第 2 章。

3.3 计算机运算出错的原因

　　在了解了将二进制数表示的小数转换成十进制数的方法后，计算机运算出错的原因也就容易理解了。这里我先把答案告诉大家，计算机之所以会出现运算错误，是因为"有一些十进制数的小数无法转换成二进制数"。例如，十进制数 0.1，就无法用二进制数正确表示，小数点后面即使有几百位也无法表示。接下来，我们就来看一下不能正确表示的原因。

　　图 3-2 中，小数点后 4 位用二进制数表示时的数值范围为 0.0000~0.1111。因此，这里只能表示 0.5、0.25、0.125、0.0625 这四个二进制数小数点后面的位权组合而成（相加总和）的小数。将这些数值组合后能够表示的数值，即为表 3-1 中所示的无序的十进制数。

表 3-1　小数点后 4 位能够用二进制数表示的数值
　　　　二进制数是连续的，十进制数是非连贯的

二进制数	对应的十进制数
0.0000	0
0.0001	0.0625
0.0010	0.125
0.0011	0.1875
0.0100	0.25
0.0101	0.3125
0.0110	0.375
0.0111	0.4375
0.1000	0.5
0.1001	0.5625
0.1010	0.625
0.1011	0.6875
0.1100	0.75
0.1101	0.8125
0.1110	0.875
0.1111	0.9375

表 3-1 中，十进制数 0 的下一位是 0.0625。因此，这中间的小数，就无法用小数点后 4 位数的二进制数来表示。同样，0.0625 的下一位数一下子变成了 0.125。这时，如果增加二进制数小数点后面的位数，与其相对应的十进制数的个数也会增加，但不管增加多少位，2 的 –〇〇次幂怎么相加都无法得到 0.1 这个结果。实际上，十进制数 0.1 转换成二进制后，会变成 0.00011001100…（1100 循环）这样的**循环小数**[①]。这和无法用十进制数来表示 1/3 是一样的道理。1/3 就是 0.3333…，同样是循环小数。

至此，大家应该明白了为什么用代码清单 3-1 的程序无法得到正确结果了吧。因为无法正确表示的数值，最后都变成了近似值。计算机这个功能有限的机器设备，是无法处理无限循环的小数的。因此，在遇到循环小数时，计算机就会根据变量数据类型所对应的长度将数值从中间截断或者四舍五入。我们知道，将 0.3333…这样的循环小数从中间截断会变成 0.333333，这时它的 3 倍是无法得出 1 的（结果是 0.999999），计算机运算出错的原因也是同样的道理。

3.4 什么是浮点数

像 1011.0011 这样带小数点的表现形式，完全是纸面上的二进制数表现形式，在计算机内部是无法使用的。那么，实际上计算机是以什么样的表现形式来处理小数的呢？我们一起来看一下。

很多编程语言中都提供了两种表示小数的数据类型，分别是双精度浮点数和单精度浮点数。**双精度浮点数类型**用 64 位、**单精度浮点数**

[①] 像 0.3333…这样相同数值无限循环的值称为循环小数。计算机是功能有限的机器，无法直接处理循环小数。

类型用 32 位来表示全体小数[①]。在 C 语言中，双精度浮点数类型和单精度浮点数类型分别用 double 和 float 来表示。不过，这些数据类型都采用浮点数[②]来表示小数。那么，浮点数究竟采用怎样的方式来表示小数呢？接下来就让我们一起来看一下。

浮点数是指用符号、尾数、基数和指数这四部分来表示的小数（图3-3）。因为计算机内部使用的是二进制数，所以基数自然就是 2。因此，实际的数据中往往不考虑基数，只用符号、尾数、指数这三部分即可表示浮点数。也就是说，64 位（双精度浮点数）和 32 位（单精度浮点数）的数据，会被分为三部分来使用（图3-4）。

$$\pm m \times n^e$$

符号　尾数　　基数　指数

图3-3　浮点数的表现形式。由符号、尾数、基数、指数四部分构成

---

① 双精度浮点数能够表示的正数范围是 $4.94065645841247 \times 10^{-324}$ ～ $1.79769313486232 \times 10^{308}$，负数范围是 $-1.79769313486232 \times 10^{308}$ ～ $-4.94065645841247 \times 10^{-324}$。单精度浮点数能够表示的正数范围是 1.401298×10^{-45} ～ 3.402823×10^{38}，负数范围是 -3.402823×10^{38} ～ $-1.401298 \times 10^{-45}$。不过，正如正文中所介绍的那样，在这些范围中，有些数值是无法正确表示的。

② 像 0.12345×10^3 和 0.12345×10^{-1} 这样使用与实际小数点位置不同的书写方法来表示小数的形式称为浮点数。与浮点数相对的是定点数，使用定点数表示小数时，小数点的实际位置固定不变。例如，0.12345×10^3 和 0.12345×10^{-1} 用定点数来表示的话即为 123.45 和 0.012345。

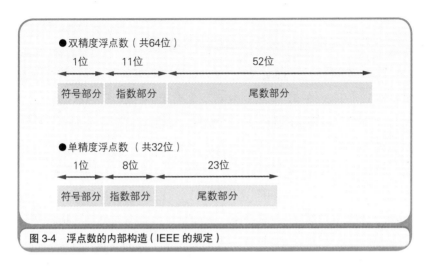

图 3-4　浮点数的内部构造（IEEE 的规定）

　　浮点数的表现方式有很多种，这里我们使用最为普遍的 IEEE[1] 标准。双精度浮点数和单精度浮点数在表示同一个数值时使用的位数不同。此外，双精度浮点数能够表示的数值范围要大于单精度浮点数。

　　符号部分是指使用一个数据位来表示数值的符号。该数据位是 1 时表示负，为 0 时则表示"正或者 0"。这和用二进制数来表示整数时的符号位是同样的。数值的大小用尾数部分和指数部分来表示。例如，小数就是用"尾数部分 × 2 的指数部分次幂"这样的形式来表示的。讲到这里，大家是不是多少有点概念了呢。

　　下面的内容可能稍微有点复杂，因为尾数部分和指数部分并不只是单单存储着用整数表示的二进制数。**尾数部分**用的是"将小数点前面的值固定为 1 的正则表达式"，而**指数部分**用的则是"EXCESS 系统表现"。此外，接下来还会涉及大量的新术语，大家可能会因此产生逃避心理。不过，这些其实并不难，因此请大家一定要耐心地阅读下去。

---

① IEEE（Institute of Electrical and Electronics Engineers）是指美国电气和电子工程师协会。该协会制定了计算机领域的各种规定。读作"eye-triple-e, I-3E"。

3.5 正则表达式和 EXCESS 系统

尾数部分使用**正则表达式**[1]，可以将表现形式多样的浮点数统一为一种表现形式。例如，十进制数 0.75 就有很多种表现形式，如图 3-5 所示。虽然它们表示的都是同一个数值，但因为表现方法太多，计算机在处理时会比较麻烦。因此，为了方便计算机处理，需要制定一个统一的规则。例如，十进制数的浮点数应该遵循"小数点前面是 0，小数点后面第 1 位不能是 0"这样的规则。根据这个规则，0.75 就是"0.75×10 的 0 次幂"，也就是说，只能用尾数部分是 0.75、指数部分是 0 这个方法来表示。根据这个规则来表示小数的方式，就是正则表达式。

$$0.75 = 0.75 \times 10^0$$

$$0.75 = 75 \times 10^{-2}$$

$$0.75 = 0.075 \times 10^1$$

图 3-5 浮点数可以用不同的形式来表现同一个数值

刚才以十进制数为例进行了说明，二进制数也是同样的道理。在二进制数中，我们使用的是**"将小数点前面的值固定为 1 的正则表达式"**。具体来讲，就是将二进制数表示的小数左移或右移（这里是逻辑移位。因为符号位是独立的[2]）数次后，整数部分的第 1 位变为 1，第 2

[1] 按照特定的规则来表示数据的形式即为正则表达式。除小数之外，字符串以及数据库等，也都有各自的正则表达式。

[2] 整数是指使用包含表示符号的最高位在内的全体来表示的一个数值。而浮点数是由符号部分、尾数部分和指数部分这三部分独立的数值组合而成的。

位之后都变为 0（这样是为了消除第 2 位以上的数位）。而且，第 1 位的
1 在实际的数据中不保存。由于第 1 位必须是 1，因此，省略该部分后就
节省了一个数据位，从而也就可以表示更多的数据范围（虽不算太多）。

单精度浮点数的正则表达式的具体例子如图 3-6 所示。单精度浮
点数中，尾数部分是 23 位，但由于第 1 位的 1 被省略了，所以实际上
可以表示 24 位的数值。双精度浮点数的表示方法也是如此，只是位数
不同而已。

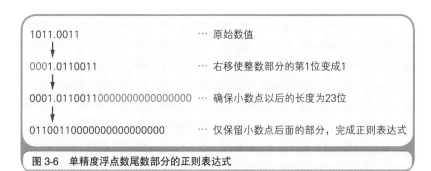

图 3-6　单精度浮点数尾数部分的正则表达式

接下来，让我们一起来看一下**指数部分**中使用的 EXCESS 系统，
使用这种方法主要是为了表示负数时不使用符号位。在某些情况下，
在指数部分，需要通过"负○○次幂"的形式来表示负数。**EXCESS
系统表现**是指，通过将指数部分表示范围的中间值设为 0，使得负数不
需要用符号来表示。也就是说，当指数部分是 8 位单精度浮点数时，
最大值 11111111 = 255 的 1/2，即 01111111 = 127（小数部分舍弃）表示
的是 0，指数部分是 11 位双精度浮点数时，11111111111 = 2047 的 1/2，
即 01111111111 = 1023（小数部分舍弃）表示的是 0。

EXCESS 系统可能不太好理解，下面举例来说明。假设有这样一
个游戏，用 1 ～ 13（A～K）的扑克牌来表示负数。这时，我们可以把

中间的 7 这张牌当成 0。如果扑克牌 7 是 0，10 就表示 +3，3 就表示 −4。事实上，这个规则说的就是 EXCESS 系统。

作为单精度浮点数的示例，表 3-2 中列出了指数部分的实际值和用 EXCESS 系统表现后的值。例如，指数部分为二进制数 11111111（十进制数 255），那么在 EXCESS 系统中则表示为 128 次幂。这是因为 255 − 127 = 128。因此，8 位的情况下，表示的范围就是 -127 次幂～128 次幂。

表 3-2　单精度浮点数指数部分的 EXCESS 系统表现

实际的值（二进制数）	实际的值（十进制数）	EXCESS 系统表现（十进制数）
11111111	255	128（= 255 − 127）
11111110	254	127（= 254 − 127）
⋮	⋮	⋮
01111111	127	0（= 127 − 127）
01111110	126	− 1（= 126 − 127）
⋮	⋮	⋮
00000001	1	− 126（= 1 − 127）
00000000	0	− 127（= 0 − 127）

3.6　在实际的程序中进行确认

读到这里，有人额角冒汗吗？上述内容不是仅仅读一遍就能马上理解的，最好能够在实际的程序中加以确认。因此，我们准备了一个试验用的程序，如代码清单 3-2 所示。接下来，就让我们一起看一下如何用单精度浮点数来表示十进制数 0.75 吧。

代码清单 3-2　用于确认单精度浮点数表示方法的 C 语言程序

```
#include <stdio.h>
#include <string.h>

void main() {
    float data;
    unsigned long buff;
```

```
    int i;
    char s[34];

    // 将 0.75 以单精度浮点数的形式存储在变量 date 中。
    data = (float)0.75;

    // 把数据复制到 4 字节长度的整数变量 buff 中以逐个提取出每一位。
    memcpy(&buff, &data, 4);

    // 逐一提取出每一位
    for (i = 33; i >= 0; i--) {
        if(i == 1 || i == 10) {
            // 加入破折号来区分符号部分、指数部分和尾数部分。
            s[i] = '-';
        } else {
            // 为各个字节赋值 '0' 或者 '1'。
            if (buff % 2 == 1) {
                s[i] = '1';
            } else {
                s[i] = '0';
            }
            buff /= 2;
        }
    }
    s[34] = '\0';

    // 显示结果。
    printf("%s\n", s);
}
```

该程序执行后，十进制数 0.75 用单精度浮点数来表示就变成了
0-01111110-10000000000000000000000（图 3-7）。加入破折号（-）是为
了区分符号部分、指数部分、尾数部分。这里，符号部分为 0，指数部
分为 01111110，尾数部分为 10000000000000000000000。因为 0.75 是
正数，所以符号位是 0。指数部分的 01111110 是十进制数 126，用
EXCESS 系统表现就是 −1（126 − 127 = −1）。根据正则表达式的规则，
小数点前面的第 1 位是 1，因此尾数部分 10000000000000000000000 实
际上表示的是 1.10000000000000000000000 这个二进制数。将尾数部分
的二进制数转换成十进制数，结果就是（1 × 2 的 0 次幂）+（1 × 2 的 −1

次幂) = 1.5。因此，0-01111110-10000000000000000000000 这个单精度
浮点数，表示的就是"+1.5 × 2 的 –1 次幂"。2 的 –1 次幂是 0.5，+1.5
× 0.5 = + 0.75。正好吻合，结果正确。

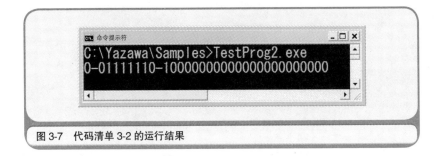

图 3-7　代码清单 3-2 的运行结果

接下来，我们继续使用该程序来看一下如何用单精度浮点数表示十进
制数 0.1。运行后就会发现结果为 0-01111011-10011001100110011001101
（只需将 data = (float)0.75; 的部分变成 data = (float)0.1; 即可）。这时，
如果反过来计算一下这个数值的十进制数，估计大家又要冒汗了，结
果居然不是 0.1。

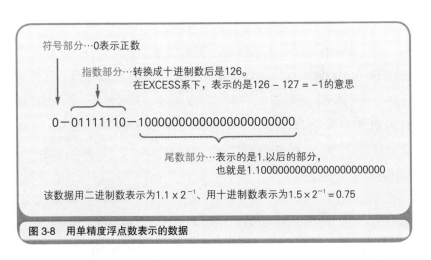

图 3-8　用单精度浮点数表示的数据

3.7 如何避免计算机计算出错

计算机计算出错的原因之一是，采用浮点数来处理小数（另外，也有因"位溢出"而造成计算错误的情况）。作为程序的数据类型，不管是使用单精度浮点数还是双精度浮点数，都存在计算出错的可能性。接下来将介绍两种避免该问题的方法。

首先是回避策略，即无视这些错误。根据程序目的的不同，有时一些微小的偏差并不会造成什么问题。例如，假设使用计算机设计工业制品。将 100 个长 0.1 毫米的零件连接起来后，其长度并非一定要是10 毫米，10.000002 毫米也没有任何问题。一般来讲，在科学技术计算领域，计算机的计算结果只要能得到近似值就足够了。那些微小的误差完全可以忽略掉。

另一个策略是把小数转换成整数来计算。计算机在进行小数计算时可能会出错，但进行整数计算（只要不超过可处理的数值范围）时一定不会出现问题。因此，进行小数的计算时可以暂时使用整数，然后再把计算结果用小数表示出来即可。例如，本章一开头讲过的将 0.1 相加 100 次这一计算，就可以转换为将 0.1 扩大 10 倍后再将 1 相加 100次的计算，最后把结果除以 10 就可以了（代码清单 3-3）。

代码清单 3-3 将小数替换成整数来计算的 C 语言程序

```c
#include <stdio.h>

void main() {
    //int 是整数的数据类型
    int sum;
    int i;

    // 将保存总和的变量清 0
    sum = 0;
```

```
    // 将1相加100次
    for (i = 1; i <= 100; i++) {
        sum += 1;
    }

    // 总和结果除以10
    sum /= 10;

    // 显示结果
    printf("%d\n", sum);
}
```

除此之外，BCD（Binary Coded Decimal）[①] 也是一种使用二进制表示十进制的方法。简单来讲，BCD 就是用 4 位来表示 0~9 的 1 位数字的处理方法，这里不再做详细说明。在涉及财务计算等不允许出现误差的情况下，一定要将小数转换成整数或者采用 BCD 方法，以确保最终得到准确的数值。

3.8　二进制数和十六进制数

最后再补充说明一下二进制数和十六进制数的关系。在以位为单位表示数据时，使用二进制数很方便，但如果位数太多，看起来就比较麻烦。因此，在实际程序中，也经常会用十六进制数来代替二进制数。在 C 语言程序中，只需在数值的开头加上 0x（0 和 x）就可以表示十六进制数。

二进制数的 4 位，正好相当于十六进制数的 1 位。例如，32 位二进制数 00111101110011001100110011001101 用十六进制数来表示的话，

---

① 计算机中用到的数据表现形式中，有一种叫作 BCD（Binary Coded Decimal，二进制化十进制数）的方法。这种方法常被用于老式的大型计算机中。编程语言中，COBOL 也会使用 BCD。BCD 分为 Zone 十进制数形式和 Pack 十进制数形式两种。

就是 3DCCCCCD 这个 8 位数。由此可见，通过使用十六进制数，二进制数的位数能够缩短至原来的 1/4。位数变少之后，看起来也就更清晰了（图 3-9）。

二进制数（32位）　　　　　　　　　　　　十六进制数（8位）
0011 1101 1100 1100 1100 1100 1100 1101＝3DCCCCCD

图 3-9　通过使用十六进制数使位数变短

用十六进制数来表示二进制小数时，小数点后的二进制数的 4 位也同样相当于十六进制数的 1 位。不够 4 位时用 0 填补二进制数的低位即可。例如，1011.011 的低位补 0 后为 1011.0110，这时就可以表示为十六进制数 B.6（图 3-10）。十六进制数的小数点后第 1 位的位权是 16^{-1} 即 1/16 = 0.0625，这个大家应该能理解吧。

二进制数（小数点后面有3位）　　二进制数（最低位补0）　　十六进制数
1011.011　　　　　　　→　　　　1011.0110　　　　→　　　B.6

图 3-10　小数点后的二进制数的 4 位也相当于十六进制数的 1 位

通过学习第 2 章和本章的内容，想必大家已经掌握了计算机通过二进制数来处理数据（数值）的机制。接下来的一章，我们将继续向大家介绍用于数据存储的内存。如果大家在编程时能够时刻考虑到内存问题，那么就一定能彻底理解被公认为复杂难懂的 C 语言的数组和指针了。

第4章

熟练使用有棱有角的内存

热身问答

阅读正文前，让我们先回答下面的问题来热热身吧。

问题

1. 有十个地址信号引脚的内存 IC（集成电路）可以指定的地址范围是多少？
2. 高级编程语言中的数据类型表示的是什么？
3. 在 32 位内存地址的环境中，指针变量的长度是多少位？
4. 与物理内存有着相同构造的数组的数据类型长度是多少？
5. 用 LIFO 方式进行数据读写的数据结构称为什么？
6. 根据数据的大小链表分叉成两个方向的数据结构称为什么？

怎么样？是不是发现有一些问题无法简单地解释清楚呢？下面是笔者的答案和解析，供大家参考。

答案 •

1. 用二进制数来表示的话是 0000000000 ~ 1111111111（用十进制数来表示的话是 0 ~ 1023）
2. 占据内存区域的大小和存储在该内存区域的数据类型
3. 32 位
4. 1 字节
5. 栈
6. 二叉查找树（binary search tree）

解析 •

1. 地址信号引脚是十个时表示 2^{10} = 1024 个地址。
2. 例如，C 语言数据类型中的 short 类型，它表示的就是占据 2 字节的内存区域，并且存储整数。
3. 指针指的是用于存储内存地址的变量。
4. 物理内存是以字节为单位进行数据存储的。
5. 栈是一种后入先出（LIFO = Last In First Out）式的数据结构。
6. 二叉查找树指的是从节点分成两个叉的树状数据结构。

本章
重点

　　　　计算机是进行数据处理的设备，而程序表示的就
　　　　是处理顺序和数据结构。由于处理对象数据是存储在
内存和磁盘上的，因此程序必须能自由地使用内存和磁盘。因此，大
家有必要对内存和磁盘的构造有一个物理上的（硬件的）和逻辑上的
（软件的）认识。

　　本章的主题是内存（磁盘部分会在第 5 章中讲解）。其实，从物理
上来看，内存的构造非常简单。只要在程序上花一些心思，就可以将
内存变换成各种各样的数据结构来使用。譬如，物理上有棱有角的内存，
在程序上是可以按照逻辑很流畅地使用的。而且这并不特别，它是很
多程序中都会用到的一般方法。

4.1　内存的物理机制很简单

　　为了能够对内存有一个整体把握，首先让我们来看一下内存的物
理机制。内存实际上是一种名为内存 IC 的电子元件。虽然内存 IC 包
括 DRAM、SRAM、ROM[①] 等多种形式，但从外部来看，其基本机制都
是一样的。**内存 IC** 中有电源、地址信号、数据信号、控制信号等用于
输入输出的大量引脚（IC 的引脚），通过为其指定地址（address），来
进行数据的读写。

　　图 4-1 是内存 IC（在这里假设它为 RAM[②]）的引脚配置示例。虽然
这是一个虚拟的内存 IC，但它的引脚和实际的内存 IC 是一样的。VCC

---

① ROM（Read Only Memory）是一种只能用来读取的内存。

② RAM（Random Access Memory）是可被读取和写入的内存，分为需要经常
　刷新（refresh）以保存数据的 DRAM（Dynamic RAM），以及不需要刷新电
　路即能保存数据的 SRAM（Static RAM）。

和 GND 是电源，A0～A9 是地址信号的引脚，D0～D7 是数据信号的引脚，RD 和 WR 是控制信号的引脚。将电源连接到 VCC 和 GND 后，就可以给其他引脚传递比如 0 或者 1 这样的信号。大多数情况下，+5V 的直流电压表示 1，0V 表示 0。

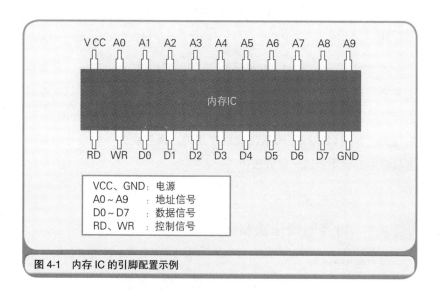

图 4-1 内存 IC 的引脚配置示例

那么，这个内存 IC 中能存储多少数据呢？数据信号引脚有 D0～D7 共八个，表示一次可以输入输出 8 位（= 1 字节）的数据。此外，地址信号引脚有 A0～A9 共十个，表示可以指定 0000000000～1111111111 共 1024 个地址。而地址用来表示数据的存储场所，因此我们可以得出这个内存 IC 中可以存储 1024 个 1 字节的数据。因为 1024 = 1K[①]，所以该内存 IC 的容量就是 1KB。

现在大家使用的计算机至少有 512M 的内存。这就相当于 524288

① 在计算机领域，大写字母 K 表示的并不是 1000，而是 2 的 10 次幂的结果 1024。1000 通常用小写 k 来表示。

个（512MB ÷ 1KB = 512K）1KB 的内存 IC。当然，一台计算机中不太可能放入如此多的内存 IC。通常情况下，计算机使用的内存 IC 中会有更多的地址信号引脚，这样就能在一个内存 IC 中存储数十兆字节的数据。因此，只用数个内存 IC，就可以达到 512MB 的容量。

下面让我们继续来看刚才所说的 1KB 的内存 IC。首先，我们假设要往该内存 IC 中写入 1 字节的数据。为了实现该目的，可以给 VCC 接入 + 5 V，给 GND 接入 0V 的电源，并使用 A0～A9 的地址信号来指定数据的存储场所，然后再把数据的值输入给 D0～D7 的数据信号，并把 WR（write = 写入的简写）信号设定成 1。执行完这些操作，就可以在内存 IC 内部写入数据（图 4-2 (a)）了。

读出数据时，只需通过 A0～A9 的地址信号指定数据的存储场所，然后再将 RD（read = 读出的简写）信号设成 1 即可。执行完这些操作，指定地址中存储的数据就会被输出到 D0～D7 的数据信号引脚（图 4-2(b)）中。另外，像 WR 和 RD 这样可以让 IC 运行的信号称为**控制信号**。其中，当 WR 和 RD 同时为 0 时，写入和读出的操作都无法进行。

由此可见，内存 IC 的物理机制实质上是很简单的。总体来讲，内存 IC 内部有大量可以存储 8 位数据的地方，通过地址指定这些场所，之后即可进行数据的读写。

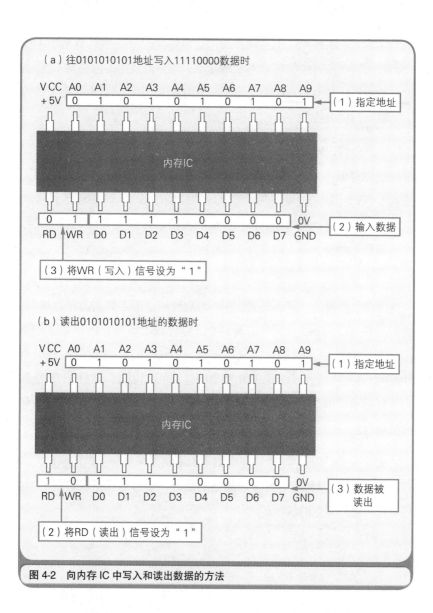

图 4-2 向内存 IC 中写入和读出数据的方法

4.2 内存的逻辑模型是楼房

在介绍程序时，大部分参考书都会用类似于楼房的图形来表示内存。在这个楼房中，1 层可以存储 1 个字节的数据，楼层号表示的就是地址。对于程序员来说，这种形象的解说有助于了解内存。

虽然内存的实体是内存 IC，不过从程序员的角度来看，也可以把它假想成每层都存储着数据的楼房，并不需要过多地关注内存 IC 的电源和控制信号等。因此，之后的讲解中我们也同样会使用楼房图（或者与楼房相似的图）。内存为 1KB 时，表示的是如图 4-3 所示的有 1024 层的楼房（这里地址的值是从上往下逐渐变大，不过也有与此相反的情况）。

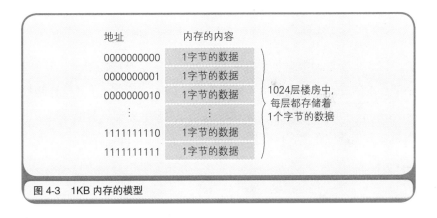

图 4-3 1KB 内存的模型

不过，程序员眼里的内存模型中，还包含着物理内存中不存在的概念，那就是数据类型。编程语言中的**数据类型**表示存储的是何种类型的数据。从内存来看，就是占用的内存大小（占有的楼层数）的意思。即使是物理上以 1 个字节为单位来逐一读写数据的内存，在程序中，通过指定其类型（变量的数据类型等），也能实现以特定字节数为单位来进行读写。

下面我们来看一个具体的示例。如代码清单 4-1 所示，这是一个往 *a*、*b*、*c* 这 3 个变量中写入数据 123 的 C 语言程序。这 3 个变量表示的是内存的特定区域。通过使用变量，即便不指定物理地址，也可以在程序中对内存进行读写。这是因为，在程序运行时，Windows 等操作系统会自动决定变量的物理地址。

代码清单 4-1　各种类型的变量

```
// 定义变量
char a;
short b;
long c;

// 给变量赋值
a = 123;
b = 123;
c = 123;
```

这 3 个变量的数据类型分别是，表示 1 字节长度的 char，表示 2 字节长度的 short，以及表示 4 字节长度的 long[①]。因此，虽然同样是数据 123，存储时其所占用的内存大小是不一样的。这里，我们假定采用的是将数据低位存储在内存低位地址的低字节序（little endian）[②]方式（图 4-4）。

[①] 在 C 语言中，也经常会用到 int 这一数据类型。int 也是 CPU 最容易处理的数据类型的长度。在 32 位的 CPU 中，int 是 32 位的。在以前的 16 位的 CPU 中，int 是 16 位的。

[②] 将多字节数据的低位字节存储在内存低位地址的方式称为低字节序，与此相反，把数据的高位字节存储在内存低位的方式称为高字节序。本章的示例图中使用的是奔腾等英特尔处理器所采用的低字节序方式。

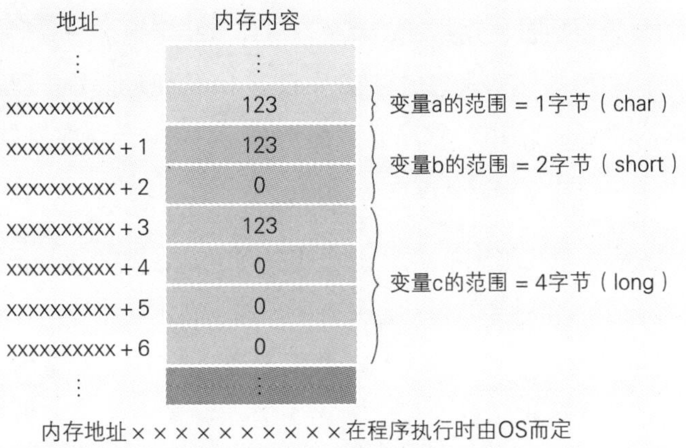

图 4-4　变量的数据类型不同，所占用的内存大小也不一样

　　仔细思考一下就会发现，根据程序中所指定的变量的数据类型的不同，读写的物理内存大小也会随之发生变化，这其实是非常方便的。大家不妨想一想，假如程序中只能逐个字节地对内存进行读写，那该多么不便啊。在处理超过 1 个字节的数据时，还必须要编写分割处理程序。此外，在不同的编程语言中，变量可以指定的数据类型的最大长度也不相同。C 语言中，8 字节（＝64 位）的 double 类型是最大的。

4.3　简单的指针

　　接下来，让我们一起来看一下指针。指针是 C 语言的重要特征，但很多人都说它难以理解，甚至还有人因无法理解指针而对 C 语言的学习产生了很强的挫败感。不过，对已经阅读到现在的各位读者来说，指针应该很容易理解。理解指针的关键点就是要弄清楚数据类型这个概念。

指针也是一种变量，它所表示的不是数据的值，而是存储着数据的内存的地址。通过使用指针，就可以对任意指定地址的数据进行读写。虽然前面所提到的假想内存 IC 中仅有 10 位地址信号，但大家在 Windows 计算机上使用的程序通常都是 32 位（4 字节）的内存地址。这种情况下，指针变量的长度也是 32 位。

请大家看一下代码清单 4-2。这是定义[①]了 d、e、f 这 3 个指针变量的 C 语言程序。和通常的变量定义有所不同，在定义指针时，我们通常会在变量名前加一个星号（*）。我们知道，d、e、f 都是用来存储 32 位（4 字节）的地址的变量。然而，为什么这里又用来指定 char（1 字节）、short（2 字节）、long（4 字节）这些数据类型呢？大家是不是也感到很奇怪？实际上，这些数据类型表示的是从指针存储的地址中一次能够读写的数据字节数。

代码清单 4-2　各种数据类型指针的定义

```
char *d;              //char 类型的指针 d 的定义
short *e;             //short 类型的指针 e 的定义
long *f;              //long 类型的指针 f 的定义
```

假设 d、e、f 的值都是 100。在这种情况下，使用 d 时就能够从编号 100 的地址中读写 1 个字节的数据，使用 e 时就是 2 个字节（100 地址和 101 地址）的数据，使用 f 时就是 4 个字节（100 地址～103 地址）的数据。怎么样？指针是不是很简单呢（图 4-5）。

[①]　在程序中，通过明确标记数据类型来记述变量的过程称为定义变量。例如，若将其记述为 short a;，则表示定义了 2 个字节的 short 类型的变量 a。变量定义后就可以进行读写了。

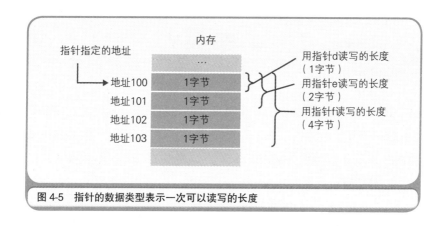

图 4-5 指针的数据类型表示一次可以读写的长度

4.4 数组是高效使用内存的基础

下面让我们回到主题，解释一下本章标题中出现的"熟练使用有棱有角的内存"。在熟练使用前，我们先来看一下内存最直接的使用方法。在这里，我们要用到数组。

数组是指多个同样数据类型的数据在内存中连续排列的形式。作为数组元素的各个数据会通过连续的编号被区分开来，这个编号称为**索引**（index）。指定索引后，就可以对该索引所对应地址的内存进行读写操作[①]。而索引和内存地址的变换工作则是由编译器自动实现的。

代码清单 4-3 表示的是在 C 语言中定义 char 类型、short 类型和 long 类型这三个数组。用括号围起来的 [100]，表示数组的元素有 100 个。由于在 C 语言中，数组的索引是从 0 开始的，因此，char g[100]; 表示的就是可以使用 g[0]～g[99] 这 100 个元素。

---

① CPU 是通过利用基址寄存器和变址寄存器来指定内存地址的，这一点第 1 章中已经进行了说明。

代码清单 4-3 各种类型的数组定义

```
char g[100];            //char 类型数组 g 的定义
short h[100];           //short 类型数组 h 的定义
long i[100];            //long 类型数组 i 的定义
```

数组的定义中所指定的数据类型，也表示一次能够读写的内存大小。char 类型的数组以 1 个字节为单位对内存进行读写，而 short 类型和 long 类型的数组则分别以 2 个字节、4 个字节为单位对内存进行读写。数组是使用内存的基本。本章后半部分会讲述各种各样的内存使用技能，其中每一种都需要以数组为基础。

之所以说数组是内存的使用方法的基础，是因为数组和内存的物理构造是一样的。特别是 1 字节类型的数组，它和内存的物理构造完全一致。不过，如果只能逐个字节地来读写，程序就会变得比较麻烦，因而可以指定任意数据类型来定义数组。这和将 1 层 = 1 单元的楼房改造成多个楼层 = 1 单元的楼房是同一个道理（图 4-6）。

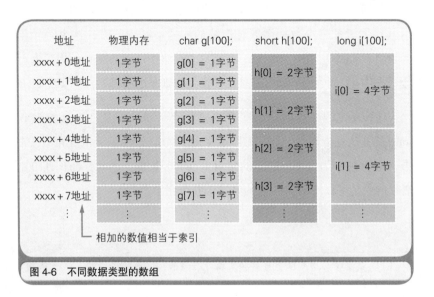

图 4-6 不同数据类型的数组

使用数组能够使编程工作变得更加高效。如果在反复运行的循环处理[1]中使用数组，很短的代码就能达到按顺序读出或写入数组元素的目的。不过，虽然是通过指定索引来使用数组，但这和内存的物理读写并没有特别大的区别。因此很多程序都会在数组的使用上花费大量工夫。接下来，我们就向大家介绍一下栈、队列、链表和二叉查找树这些数组的变形方法。对于一名优秀的程序员来说，不仅要了解，还要会灵活使用这些方法。

4.5 栈、队列以及环形缓冲区

栈[2]和队列，都可以不通过指定地址和索引来对数组的元素进行读写。需要临时保存计算过程中的数据、连接在计算机上的设备或者输入输出的数据时，都可以通过这些方法来使用内存。如果每次保存临时数据都需指定地址和索引，程序就会变得比较麻烦，因此要加以改进。

栈和队列的区别在于数据出入的顺序是不同的。在对内存数据进行读写时，栈用的是 LIFO（Last Input First Out，后入先出）方式，而队列用的则是 FIFO（First Input First Out，先入先出）方式。如果我们在内存中预留出栈和队列所需要的空间，并确定好写入和读出的顺序，就不用再指定地址和索引了。

如果要在程序中实现栈和队列，就需要以适当的元素数来定义一个用来存储数据的数组，以及对该数组进行读写的函数对。当然，在这些函数的内部，对数组的读写会涉及索引的管理，但从使用函数的角度来说，就没有必要考虑数组及索引了。

---

① 循环处理（loop）是指反复多次进行同样的处理。

② 这里所说的栈并不是第 1 章及第 10 章提到的函数调用时使用的栈，而是指程序员自身做成的 LIFO 形式的数据存储方式（该栈的实体是数组）。

　　这里，我们暂且把往栈中写入数据的函数命名为 Push[①]，把从栈中读出数据的函数命名为 Pop，把往队列中写入数据的函数命名为 EnQueue，把从队列中读出数据的函数命名为 DeQueue[②]。Push 和 Pop 以及 EnQueue 和 DeQueue 分别组成一对函数。Push 和 EnQueue 用于为函数的参数传递要写入的数据。Pop 和 DeQueue 用于将读出的数据作为函数返回值返回。通过使用这些函数，可以将数据临时保存（写入），然后再在需要时候把这些数据读出来（代码清单 4-4、代码清单 4-5）。

代码清单 4-4　使用栈的程序示例

```
// 往栈中写入数据
Push(123);        // 写入 123
Push(456);        // 写入 456
Push(789);        // 写入 789

// 从栈中读出数据
j = Pop();        // 读出 789
k = Pop();        // 读出 456
l = Pop();        // 读出 123
```

代码清单 4-5　使用队列的程序示例

```
// 往队列中写入数据
EnQueue(123);     // 写入 123
EnQueue(456);     // 写入 456
EnQueue(789);     // 写入 789

// 从队列中读出数据
m = DeQueue();    // 读出 123
n = DeQueue();    // 读出 456
o = DeQueue();    // 读出 789
```

　　虽然示例程序中没有展示实际的数组以及 Push、Pop、EnQueue、

[①]　汇编语言中有 push 和 pop 两个指令，但这里指的是程序员为了以 LIFO 形式对数组进行读写而做成的 Push 函数和 Pop 函数。

[②]　通常情况下，往栈写入数据称为 Push（入栈），从栈中读出数据称为 Pop（出栈）。往队列中写入数据称为 EnQueue（入列），从队列中读出数据称为 DeQueue（出列）。这里直接把它们各自的英文名称作为函数名字使用了。

DeQueue 的处理内容，不过还是希望大家能够据此对栈及队列是如何使用内存的有一个大体印象。

顾名思义，在栈中，LIFO 方式表示栈的数组中所保存的最后面的数据（Last In）会被最先读取出来（First Out）。代码清单 4-4 的程序运行后，按照 123、456、789 的顺序写入的数据，结果却按照 789、456、123 的顺序被读取出来（图 4-7）。

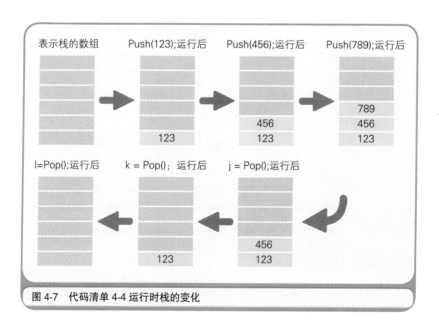

图 4-7　代码清单 4-4 运行时栈的变化

栈的原意是"干草堆积如山"。干草堆积成山后，最后堆的干草会被最先抽取出来。干草堆也是用来临时保存家禽饲料的方式。程序中也是如此，为了实现临时保存数据的目的，使用这种类似于干草堆的机制是非常方便的。而这种机制体现在内存上，就是栈。当我们需要暂时舍弃当前的数据，随后再原貌还原时，会使用栈。

与栈相对的是队列，顾名思义，FIFO 方式表示队列的数组中所保

存的最初数据（First Input）会最先被读取出来（First Out）。代码清单
4-5 中的程序运行后，按照 123、456、789 的顺序写入的数据，结果会
按照 123、456、789 的顺序被读取出来（图 4-8）。

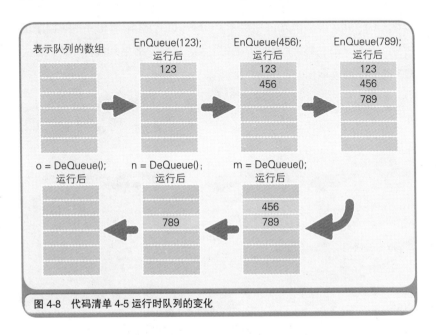

图 4-8　代码清单 4-5 运行时队列的变化

　　队列这一方式也称为**排队**。排队指的是买车票时在自动售票机前
等候的队列等。排队时，站在最前面的乘客先买票，购买后率先从队
列中走出来。当随机前来的购票乘客数量和自动售票机的处理速度不
相符时，排队能起到很好的缓冲作用。程序中也是如此，为了协调好
数据输入和处理时机间的关系，采用类似于排队的机制是很方便的。
在内存上，实现这种机制的方式就是队列。当我们需要处理通讯中发
送的数据时，或由同时运行的多个程序所发送过来的数据时，会用到
这种对队列中存储的不规则数据进行处理的方法。

　　队列一般是以环状缓冲区（ring buffer）的方式来实现的，也就是

本章标题中所说的"熟练使用有棱有角的内存"。例如，假设我们要用有 6 个元素的数组来实现一个队列。这时可以从数组的起始位置开始有序地存储数据，然后再按照存储时的顺序把数据读出。在数组的末尾写入数据后，后一个数据就会被写入数组的起始位置（此时数据已经被读出所以该位置是空的）。这样，数组的末尾就和开头连接了起来，数据的写入和读出也就循环起来了（图 4-9）。

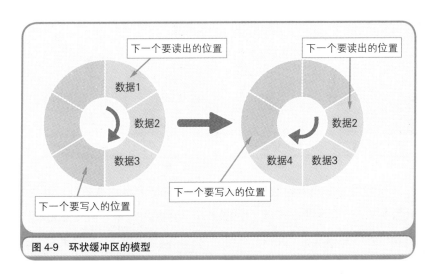

图 4-9　环状缓冲区的模型

4.6　链表使元素的追加和删除更容易

接下来介绍的链表和二叉查找树，都是不用考虑索引的顺序就可以对数组元素进行读写的方式。通过使用链表，可以更加高效地对数组数据（元素）进行追加和删除处理。而通过使用二叉查找树，则可以更加高效地对数组数据进行检索。

在数组的各个元素中，除了数据的值之外，通过为其附带上下一个元素的索引，即可实现**链表**。数据的值和下一个元素的索引组合在一起，就构成了数组的一个元素。这样，数组元素相连就构成了念珠似的链表。由于链表末尾的元素没有后续的数据，因此就需要用别的值（在这里是 −1）来填充（图 4-10）。

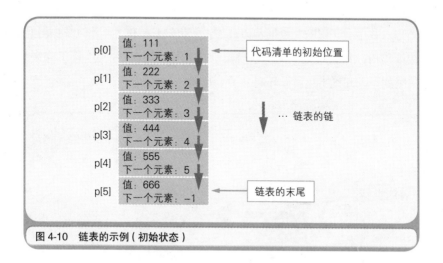

图 4-10　链表的示例（初始状态）

　　在需要追加或删除数据的情况下，使用链表是很高效的。首先，让我们来看一下删除的情况。在图 4-10 表示的链表中，假设要删除从起始位置开始的第 3 个元素。此时，我们只需要把第 2 个元素的"下一个元素：2"变成"下一个元素：3"即可。由于数组的元素通常是按照索引顺序来引用的，因此当我们需要引用构成链表的数组的某一个元素时，通过该元素的索引信息就可以找到下一个元素。当第 2 个元素的下一个元素变成第 4 个元素后，那么第 3 个元素就被删除了。虽然第 3 个元素在物理内存上还残留着，但在逻辑上则确实被删除了（图 4-11）。

　　接下来就让我们来看一下如何往链表中追加数据。假设要在图 4-10 的链表的第 5 位前追加一个新数据。此时，我们只需要在刚才消除的第 3 个元素的位置中保存新的数据，并将第 4 个元素的"下一个元素：5"变更成"下一个元素：2"，以使新追加的元素的索引信息变成

"下一个元素：5"即可。虽然新追加的元素在物理上是第 3 个，但从逻辑上看来则是第 5 个（图 4-12）。

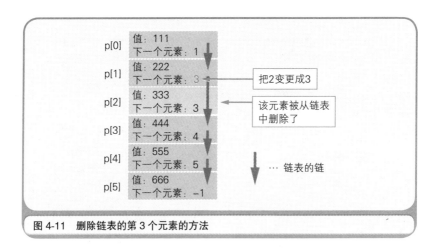

图 4-11　删除链表的第 3 个元素的方法

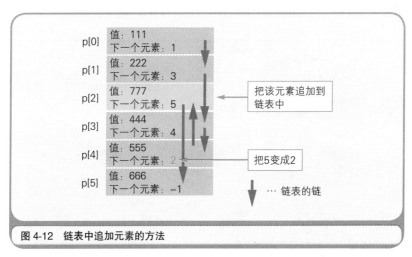

图 4-12　链表中追加元素的方法

如果不使用链表数组，那么中途删除或追加元素时，其后的元素就必须要全部移动。示例中数组的元素只有 6 个，处理起来不会花费较多时间。而在实际的程序中，有时需要对包含数千至数万个元素的数组进行频繁的数据追加或删除操作。如果每次都需要移动数千至数万个元素，那么哪怕是高速计算机也会花费很长时间（图 4-13、图 4-14）。反之，使用链表来追加或删除数据则毫不费事。

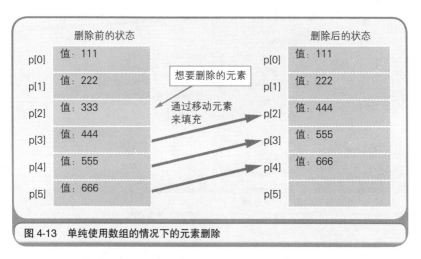

图 4-13　单纯使用数组的情况下的元素删除

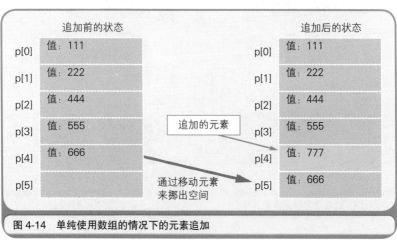

图 4-14　单纯使用数组的情况下的元素追加

4.7 二叉查找树使数据搜索更有效

二叉查找树[①] 是指在链表的基础上往数组中追加元素时，考虑到数据的大小关系，将其分成左右两个方向的表现形式。例如，假设我们事先把 50 这个值保存到了数组中。那么，如果接下来的值比先前保存的数值大的话，就要将其放到右边，反之如果小的话就放在左边。但实际的内存并不会分成两个方向，这是在程序逻辑上实现的（图 4-15）。

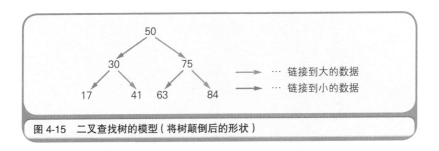

图 4-15 二叉查找树的模型（将树颠倒后的形状）

为了实现二叉查找树，怎么处理比较好呢？其实数组的每个元素中只要有数据的值和两个索引信息就可以了。图 4-16 向我们展示了如何用数组来实现图 4-15 中的二叉查找树。二叉查找树是由链表构造发展而来的表现形式，因此在追加或删除元素方面也同样是有效的。

使用二叉查找树的便利之处在于可以使数据的搜索等更有效率。在使用一般的数组时，必须从数组的开头按照索引顺序来查找目标数据。而使用二叉查找树时，当目标数据比现在读出来的数据小时就可以转到左侧，反之目标数据较大时即可转到链表的右侧，这样就加快了找到目标数据的速度。

---

① 树（tree）构造指的是数据像树一样分叉连接的方式。二叉查找树也是树构造的一种。

　　只要在程序开发中多花一些心思，我们就可以熟练地使用内存、
实现栈处理、链表处理、二叉查找树处理等，这一点想必大家都清楚
了。不过，大家还必须理解为什么要进行这些处理。另外，请大家牢
记数组是进行这些处理的基础。

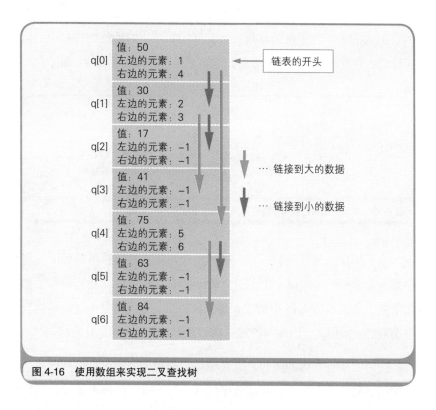

图 4-16　使用数组来实现二叉查找树

　　下一章，我们将会介绍磁盘。和内存一样，磁盘也是用于存储数
据的。磁盘虽然在物理方面只能以扇区为单位进行读写，但通过在程
序中多花一些心思，磁盘也可以以各种形态来使用。此外，我们也会
对用磁盘替代内存来使用的虚拟内存进行说明。

第5章

内存和磁盘的亲密关系

阅读正文前，让我们先回答下面的问题来热热身吧。

问题

1. 存储程序方式指的是什么？

2. 通过使用内存来提高磁盘访问速度的机制称为什么？

3. 把磁盘的一部分作为假想内存来使用的机制称为什么？

4. Windows 中，在程序运行时，存储着可以动态加载调用的函数和数据的文件称为什么？

5. 在 EXE 程序文件中，静态加载函数的方式称为什么？

6. 在 Windows 计算机中，一般磁盘的 1 个扇区是多少字节？

怎么样？是不是发现有一些问题无法简单地解释清楚呢？下面是笔者的答案和解析，供大家参考。

答案

1. 在存储装置中保存程序，并逐一运行的方式
2. Disk Cache（磁盘缓存）
3. 虚拟内存（virtual memory）
4. DLL（DLL 文件）
5. 静态链接
6. 512 字节

解析

1. 现在计算机采用的是存储程序方式。
2. 磁盘缓存是指，把从磁盘中读出的数据存储在内存中，当该数据再次被读取时，不是从磁盘而是直接从内存中高速读出。
3. 借助虚拟内存，哪怕是内存容量不足的计算机，也可以运行很大的程序。
4. DLL 是 Dynamic Link Library 的略称。
5. 函数的加载方式有静态链接和动态链接两种。
6. 扇区是磁盘保存数据的物理单位。

从都具有存储程序命令和数据这点来看，内存和磁盘的功能是相同的。在计算机的 5 大部件[1]中，内存和磁盘也都被归类为存储部件。不过，利用电流来实现存储的内存，同利用磁效应来实现存储的磁盘，还是有差异的。而从存储容量来看，内存是高速高价，而磁盘则是低速廉价。

大家平时使用的计算机，至少都配备了 512M 大小的内存和 80GB 大小的磁盘。在计算机这个系统中，高速小容量的内存与低速高容量的磁盘进行协同作业。本章就让我们来看一下内存和磁盘的亲密关系。在下文中，内存主要是指主内存（负责存储 CPU 中运行的程序指令和数据的内存），磁盘主要是指硬盘。

5.1 不读入内存就无法运行

考虑内存和磁盘的关系之前，我们首先来看一个前提性的问题。

程序保存在存储设备中，通过有序地被读出来实现运行，这一点大家都很清楚。这一机制称为**存储程序方式**（程序内置方式），现在看来这是理所当然的，但在当时它的提出可以说是一个里程碑。为什么这么说呢？因为在此以前的程序都是通过改变计算机的布线等来变更程序的。

计算机中主要的存储部件是内存和磁盘。磁盘中存储的程序，必须要加载到内存后才能运行。在磁盘中保存的原始程序是无法直接运行的。这是因为，负责解析和运行程序内容的 CPU，需要通过内部程

---

[1] 一般把输入装置、输出装置、存储器、运算器和控制器这 5 种部件设备称为计算机的 5 大部件。

序计数器来指定内存地址，然后才能读出程序[①]。即使 CPU 可以直接读出并运行磁盘中保存的程序，由于磁盘读取速度慢，程序的运行速度还是会降低。总之，存储在磁盘中的程序需要读入到内存后才能运行。在考虑内存和磁盘的关系之前，大家一定要了解这个前提（图 5-1）。

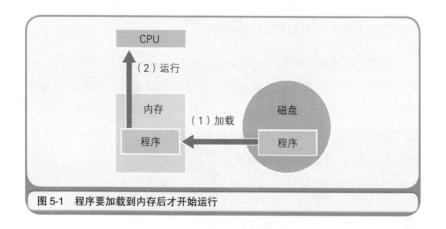

图 5-1　程序要加载到内存后才开始运行

在这个大前提的基础上，内存和磁盘之间存在着许多亲密关系。接下来我们逐一说明。

5.2　磁盘缓存加快了磁盘访问速度

作为体现内存和磁盘亲密关系的第一个示例，首先让我们来看一下磁盘缓存（disk cache）[②]。**磁盘缓存**指的是把从磁盘中读出的数据存储到内存空间中的方式。这样一来，当接下来需要读取同一数据时，就不用通过实际的磁盘，而是从磁盘缓存中把内容读出。使用磁盘缓存可以大大改善磁盘数据的访问速度（图 5-2）。

---

① 详情请参考第 1 章。

② 磁盘缓存的缓存（cache）是高速缓存、仓库的意思。

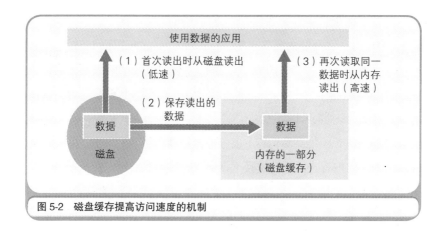

（1）首次读出时从磁盘读出（低速）

（2）保存读出的数据

（3）再次读取同一数据时从内存读出（高速）

数据

磁盘

数据

内存的一部分（磁盘缓存）

使用数据的应用

图 5-2　磁盘缓存提高访问速度的机制

Windows 操作系统提供了磁盘缓存机制。不过，对普通用户来说，磁盘缓存发挥显著效果的时代只延续到 Windows 95/98。现在，随着硬盘访问速度的大幅改善，磁盘缓存的效果也没有之前那么明显了。

把低速设备的数据保存在高速设备中，需要时可以直接将其从高速设备中读出，这种**缓存**的方式在其他情况下也会用到。其中的一个实例就是在 Web 浏览器中的使用。由于 Web 浏览器是通过网络来获取远程 Web 服务器的数据并将其显示出来的。因此，在显示较大的图片等文件时，会花费不少时间。于是，Web 浏览器就可以把获取的数据暂时保存在磁盘中，然后在需要时再显示磁盘中的数据。也就是说，把低速的网络数据保存到相对高速的磁盘中。

5.3　虚拟内存把磁盘作为部分内存来使用

接下来就让我们来看一下体现内存和磁盘亲密关系的第二个示例，即虚拟内存（virtual memory）。**虚拟内存**是指把磁盘的一部分作为假想的内存来使用。这与磁盘缓存是假想的磁盘（实际上是内存）相对，虚拟内存是假想的内存（实际上是磁盘）。

通过借助虚拟内存，在内存不足时也可以运行程序。例如，在只剩下 5MB 内存空间的情况下也能运行 10MB 大小的程序。不过，就如本章开头所讲述的那样，CPU 只能执行加载到内存中的程序。虚拟内存虽说是把磁盘作为内存的一部分来使用，但实际上正在运行的程序部分，在这个时间点上是必须存在在内存中的。也就是说，为了实现虚拟内存，就必须把**实际内存**（也可称为**物理内存**）的内容，和磁盘上的虚拟内存的内容进行部分置换（swap），并同时运行程序。

刚才已经说过，Windows 操作系统提供了虚拟内存机制。在当前的 Windows 中，虚拟内存依然发挥着很大的作用。虚拟内存的方法有**分页式**和**分段式**[①] 两种。Windows 采用的是分页式。该方式是指，在不考虑程序构造的情况下，把运行的程序按照一定大小的页（page）进行分割，并以页为单位在内存和磁盘间进行置换。在分页式中，我们把磁盘的内容读出到内存称为 Page In，把内存的内容写入磁盘称为 Page Out。一般情况下，Windows 计算机的页的大小是 4KB。也就是说，把大程序用 4KB 的页来进行切分，并以页为单位放入磁盘（虚拟内存）或内存中（图 5-3）。

为了实现虚拟内存功能，Windows 在磁盘上提供了虚拟内存用的文件（page file，**页文件**）。该文件由 Windows 自动做成和管理。文件的大小也就是虚拟内存的大小，通常是实际内存的相同程度至两倍程度。通过 Windows 的控制面板，可以查看或变更当前虚拟内存的设定。

下面就让我们来看一下虚拟内存的设定。作者自己的计算机是 1GB 的内存。当前的页文件的大小是 1024MB ≒ 1GB（图 5-4）。

---

① 分段式虚拟内存是指，把要运行的程序分割成以处理集合及数据集合等为单位的段落，然后再以分割后的段落为单位在内存和磁盘之间进行数据置换。

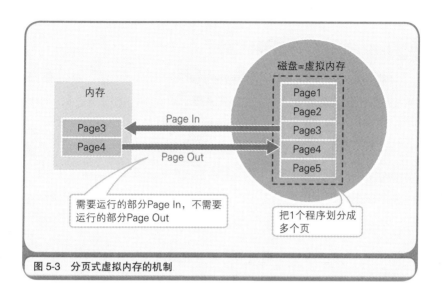

图 5-3　分页式虚拟内存的机制

图 5-4　查看虚拟内存的设定

5.4　节约内存的编程方法

以图形用户界面（GUI，Graphical User Interface）[①]为基础的Windows，可以说是一个巨大的操作系统。Windows 的前身是 MS-DOS操作系统，最初版本可以在 128KB 左右的内存上运行，而想要Windows 流畅运行的话，至少需要 512MB 的内存。而且，由于Windows 具有多任务功能，在巨大的 Windows 操作系统中可以同时运行多个应用，因此，即使是 512MB 的内存，有时也无法保证流畅运行。Windows 操作系统经常为内存不足所困。

许多人可能会认为，通过借助磁盘虚拟内存就可以解决内存不足的问题。而虚拟内存也确实能避免因内存不足导致的应用无法启动。不过，由于使用虚拟内存时发生的 Page In 和 Page Out 往往伴随着低速的磁盘访问，因此在这个过程中应用的运行会变得迟钝起来。想必大家也都有过在操作应用的过程中硬盘访问灯一直亮着（这时正在进行Page In 和 Page Out），导致应用一时无法操作的不愉快经历吧。也就是说，虚拟内存无法彻底解决内存不足的问题。

为了从根本上解决内存不足的问题，需要增加内存的容量，或者尽量把运行的应用文件变小。接下来会向大家介绍两个把应用文件变小的编程方法。虽然增加内存容量更为便捷，但是花费也高，所以大家还是需要先看一下口袋里面的银子再来做决定。

[①]　像 Windows 这样，窗口的菜单及图表等都可以进行可视化操作的方式称为
　　图形用户界面。Windows 的前身 MS-DOS 操作系统，是由键盘输入命令来
　　进行操作的 CLI（命令行界面）。

（1）通过 DLL 文件实现函数共有

DLL（Dynamic Link Library）**文件**[①]，顾名思义，是在程序运行时可以动态加载 Library（函数和数据的集合）的文件。此外，还有一个需要大家注意的地方，那就是多个应用可以共有同一个 DLL 文件。而通过共有同一个 DLL 文件则可以达到节约内存的效果。

例如，假设我们编写了一个具有某些处理功能的函数 MyFunc()。应用 A 和应用 B 都会使用这个函数。在各个应用的运行文件中内置函数 MyFunc()（这个称为 Static Link，静态链接）后同时运行这两个应用，内存中就存在了具有同一函数的两个程序。但这会导致内存的利用效率降低。所以，有两个同样的函数，还是有点浪费（图 5-5）。

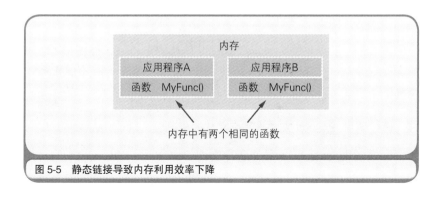

图 5-5　静态链接导致内存利用效率下降

那么，如果函数 MyFunc() 是独立的 DLL 文件而不是应用的执行文件（**EXE 文件**[②]），那结果会怎样呢？由于同一个 DLL 文件的内容在运行时可以被多个应用共有，因此内存中存在的函数 MyFunc() 的程序

---

① 关于 DLL 文件，会在第 8 章进行详细说明。

② Windows 中，可以执行的应用文件的扩展名是 .exe，这样的文件就称为 EXE 文件。exe 是 executable（可执行）的略写。另一方面，DLL 文件的扩展名为 .dll。

89

就只有 1 个。这样一来，内存的利用效率也就提高了。

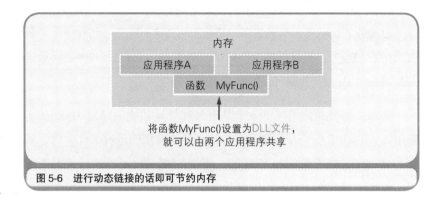

图 5-6　进行动态链接的话即可节约内存

Windows 的操作系统本身也是多个 DLL 文件的集合体。有时在安装新应用时，DLL 文件也会被追加。应用则会通过利用这些 DLL 文件的功能来运行。像这样，之所以要利用多个 DLL 文件，其中一个原因就是可以节约内存。而且 DLL 文件还有一个优点就是，在不变更 EXE 文件的情况下，只通过升级 DLL 文件就可以更新。

（2）通过调用 _stdcall 来减小程序文件的大小

通过调用 _stdcall[①] 来减小程序文件的方法，是用 C 语言编写应用时可以利用的高级技巧。不过，这一思路应该也可以应用在其他编程语言中，因此大家一定要记住。

---

① _stdcall 是 standard call（标准调用）的略称。Windows 提供的 DLL 文件内的函数，基本上都是 _stdcall 调用方式。这主要是为了节约内存。另一方面，用 C 语言编写的程序内的函数，默认设置都不是 _stdcall。C 语言特有的调用方式称为 C 调用。C 语言之所以默认不使用 _stdcall，是因为 C 语言所对应的函数的传入参数是可变的（可以设定任意参数），只有函数调用方才能知道到底有多少个参数，而这种情况下，栈的清理作业便无法进行。不过，在 C 语言中，如果函数的参数数量固定的话，指定 _stdcall 是没有任何问题的。

C 语言中，在调用函数后，需要执行栈清理处理指令。**栈清理处理**是指，把不需要的数据从接收和传递函数的参数时使用的内存上的栈区域中清理出去。该命令不是程序记述的，而是在程序编译时由编译器自动附加到程序中的。编译器默认将该处理附加在函数调用方。

例如，在代码清单 5-1 中，从函数 main() 中调用了函数 MyFunc()。按照默认设定，栈的清理处理会附加在函数 main() 这一方。在同一个程序中，同样的函数可能会被多次反复调用。而如果是同样的函数，栈清理处理的内容也是一样的。由于该处理是在调用函数一方，因此就会导致同一处理被反复进行。这就造成了内存的浪费。

代码清单 5-1　C 语言的函数调用程序示例

```
// 函数调用方
void main()
{
    int a;
    a = MyFunc(123, 456);
}

// 被调用方
int MyFunc(int a, int b)
{
    ...
}
```

虽然通过调查编译器生成的机器语言执行文件就可以得知栈清理的处理内容，不过鉴于原始的机器语言不太容易理解，所以这里我们用汇编语言的代码清单将其显示了出来。将代码清单 5-1 中调用函数 MyFunc() 的部分用汇编语言来表示，就如代码清单 5-2 所示。最后 1 行的处理就是清理处理。

代码清单 5-2 调用 MyFunc() 的部分程序（汇编语言）

```
push 1C8h      ←将参数 456 (= 1c8h) 存入栈中
push 7Bh       ← 将参数 123 (= 7Bh) 存入栈中
call @LTD+15 (MyFunc)(00401014) ←调用 MyFunc() 函数
add esp, 8     ←运行栈清理
```

C 语言通过栈来传递函数的参数。push[①]是往栈中存入数据的指令。32 位 CPU 中，1 次 push 指令可以存储 4 个字节的数据。代码清单 5-2 中，由于使用了两次 push 指令把两个参数（456 和 123）存入到了栈中，因此总的来说就是存储了 8 字节的数据。通过 call 指令调用函数 MyFunc() 后，栈中存储的数据就不再需要了。于是这时就通过 add esp, 8 这个指令，使存储着栈数据的 esp 寄存器[②]前进 8 位（设定为指向高 8 位字节地址），来进行数据清理。由于栈是在各种情况下都可以再利用的内存领域，因此使用完毕后有必要将其恢复到原状态。上述这些操作就是栈的清理处理。另外，在 C 语言中，函数的返回值，是通过寄存器而非栈来返回的。

栈清理处理，比起在函数调用方进行，在反复被调用的函数一方进行时，程序整体要小一些。这时所使用的就是 _stdcall。在函数前加上 _stdcall，就可以把栈清理处理变为在被调用函数一方进行。把代码清单 5-1 中的 int MyFunc(int a, int b) 部分转成 int _stdcall MyFunc(int a, int b) 进行再编译后，和代码清单 5-2 中 add esp, 8 同样的处理就会在函数 MyFunc() 一方执行。虽然该处理只能节约 3 个字节（add esp, 8 是机器语

---

① CPU 会提前准备好栈机制。往栈中存储数据的汇编语言指令是 push。从栈中取出数据的汇编语言指令是 pop。栈一般是用来实现函数调用机制的。如果想任意利用栈，程序员就需要自己用程序来实现所需要的栈机制。

② CPU 中，栈中堆积的最高位的数据地址是保存在 esp（esp 是 Pentium 系列 CPU 的栈指针名）中的。连续运行两次 pop 指令，可以消除两个存储在栈中的 4 字节数据，而同样的功能也可以通过把 esp 的数值加 8 来实现。

的 3 个字节）的程序大小，不过在整个程序中还是有效果的（图 5-7）。

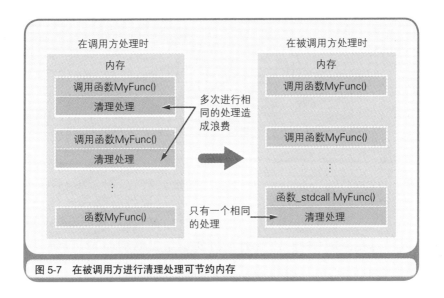

图 5-7　在被调用方进行清理处理可节约内存

5.5　磁盘的物理结构

第 4 章中我们介绍了内存的物理结构，本章就让我们来看一下磁盘的物理结构。磁盘的物理结构是指磁盘存储数据的形式。

磁盘是通过把其物理表面划分成多个空间来使用的。划分的方式有**扇区方式**和**可变长方式**两种，前者是指将磁盘划分为固定长度的空间，后者则是指把磁盘划分为长度可变的空间。一般的 Windows 计算机所使用的硬盘和软盘，采用的都是扇区方式。扇区方式中，把磁盘表面分成若干个同心圆的空间就是**磁道**，把磁道按照固定大小（能存储的数据长度相同）划分而成的空间就是**扇区**（图 5-8）。

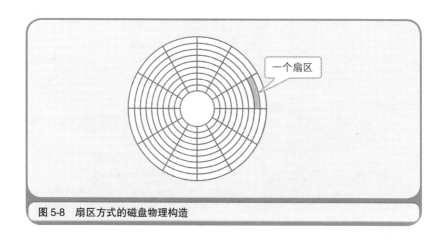

一个扇区

图 5-8　扇区方式的磁盘物理构造

　　扇区是对磁盘进行物理读写的最小单位。Windows 中使用的磁盘，一般 1 个扇区是 512 字节。不过，Windows 在逻辑方面（软件方面）对磁盘进行读写的单位是扇区整数倍**簇**。根据磁盘容量的不同，1 簇可以是 512 字节（1 簇 = 1 扇区）、1KB（1 簇 = 2 扇区）、2KB、4KB、8KB、16KB、32KB（1 簇 = 64 扇区）。磁盘的容量越大，簇的容量也越大。不过，在软盘中，1 簇 = 512 字节 = 1 扇区，簇和扇区的大小是相等的。

　　不管是硬盘还是软盘，不同的文件是不能存储在同一个簇中的，否则就会导致只有一方的文件不能被删除。因此，不管是多么小的文件，都会占用 1 簇的空间。这样一来，所有的文件都会占用 1 簇的整数倍的磁盘空间。我们可以通过试验来确认这一点。

　　由于在硬盘上做试验比较麻烦，所以我们选择在软盘上进行。首先，把软盘按照"1.44MB，512 字节 / 扇区"进行格式化。软盘中，1 扇区 = 1 簇。格式化完成后，我们可以看一下磁盘的属性，这时的已用空间应该是 0 字节，因为没有存储任何文件（图 5-9）。

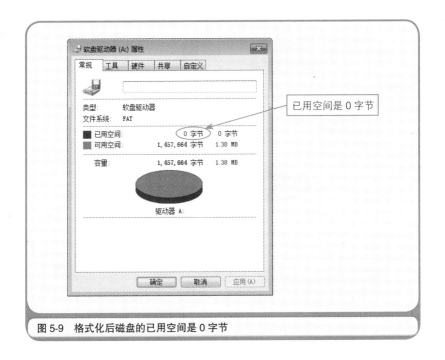

图 5-9　格式化后磁盘的已用空间是 0 字节

接下来，让我们用记事本等文本编辑工具[1]做成一个只有 1 个半角文字的文件，并将其保存到软盘中，然后再来看一下磁盘的属性。这时我们就会发现，虽然文件的大小只有 1 字节，但使用空间却变成了 512 字节。

再次打开上述文件，并增加一些文字，然后覆盖保存。这时再查看一下磁盘的属性就会发现，当文件大小未达到 512 个半角文字（=512 字节）时，已用空间一直是 512 字节。一旦达到 513 个文字，已用空间就会一下子变成 1024 字节（=2 簇）。通过这个实验，想必大家都应该明白磁盘的数据保存是以簇为单位来进行了吧（图 5-10）。

---

① 文本编辑工具指的是像简易的文字处理机那样可以输入文字的应用。标准的 Windows 中都带有记事本（notepad.exe）这一文字编辑工具。

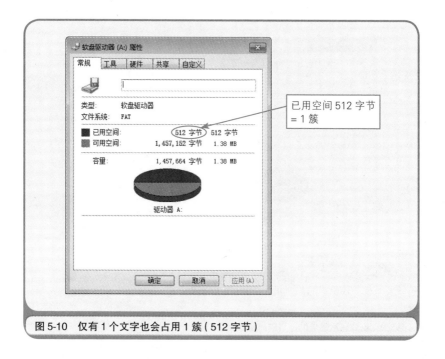

图 5-10 仅有 1 个文字也会占用 1 簇（512 字节）

  以簇为单位进行读写时，1 簇中没有填满的区域会保持不被使用的状态。虽然这看起来是有点浪费，不过该机制就是如此规定的，所以我们也没有什么好办法。另外，如果减少簇的容量，磁盘访问次数就会增加，就会导致读写文件的时间变长。由于在磁盘表面上，表示扇区区分的领域是必要的，因此，如果簇的容量过小，磁盘的整体容量也会减少。扇区和簇的大小，是由处理速度和存储容量的平衡来决定的。

  阅读本章后，关于内存和磁盘的亲密关系，大家应该都清楚了吧。虽然现在计算机中的内存和磁盘容量变得越来越大，不过还是要有节约的精神。一个优秀的程序，不仅要运行速度快，还要小。因此，程序员要时刻注意尽量让程序小一些。

  下一章，我们将会介绍图像文件的数据形式及文件的压缩机制。

第6章

亲自尝试压缩数据

阅读正文前，让我们先回答下面的问题来热热身吧。

1. 文件储存的基本单位是什么？

2. DOC、LZH 和 TXT 这些扩展名中，哪一个是压缩文件的扩展名？

3. 文件内容用"数据的值 × 循环次数"来表示的压缩方法是 RLE 算法还是哈夫曼算法？

4. 在 Windows 计算机经常使用的 SHIFT JIS 字符编码中，1 个半角英数是用几个字节的数据来表示的？

5. BMP（BITMAP）格式的图像文件，是压缩过的吗？

6. 可逆压缩和非可逆压缩的不同点是什么？

怎么样？是不是发现有一些问题无法简单地解释清楚呢？下面是笔者的答案和解析，供大家参考。

答案 ●

1. 1 字节（= 8 位）
2. LZH
3. RLE 算法
4. 1 字节（= 8 位）
5. 没有压缩过
6. 压缩后的数据能复原的是可逆压缩，无法复原的是非可逆压缩

解析 ●

1. 文件是字节数据的集合体。
2. LZH 是用 LHA 等工具压缩过的文件的扩展名。
3. 例如，AAABB 这个数据压缩后就是 A3B2。
4. 半角英文数字是用 1 个字节来表示的，汉字等全角字符是用 2 个字节来表示的。
5. 因为 BMP 格式的图像文件是没有被压缩的，因此要比 JPEG 格式等压缩过的图像文件大不少。
6. 像照片（JPEG 格式）这样，之所以压缩后也不会让人感到不自然，就是因为使用了非可逆压缩。

前几章的内容可能有些难，而本章我们就可以喘口气喝喝茶了，请大家放松心情来阅读。本章的主题是文件的压缩。

各位读者想必都使用过压缩文件吧。压缩文件的扩展名有 LZH[1] 和 ZIP[2] 等。比如，文件太大无法放入软盘保存时，或将大附件添加到电子邮箱时，相信大家都会采用压缩文件的方法。此外，当我们把数码相机拍摄的照片保存到计算机上时，可能也会在不知不觉中使用 JPEG 等压缩格式。那么，为什么文件可以压缩呢？想想真是不可思议。接下来就让我们一起来看看文件的压缩机制吧。

6.1　文件以字节为单位保存

在解说文件的压缩机制之前，我们首先来了解一下保存在文件中的数据形式。文件是将数据存储在磁盘等存储媒介中的一种形式。程序文件中存储数据的单位是字节。文件的大小之所以用 ××KB、××MB 等来表示，就是因为文件是以字节（B = Byte）为单位来存储的[3]。

文件就是字节数据的集合。用 1 字节（= 8 位）表示的字节数据有 256 种，用二进制数来表示的话，其范围就是 00000000～11111111。如果文件中存储的数据是文字，那么该文件就是文本文件。如果是图形，

---

① LZH 是用 LHA 等工具压缩过的文件的扩展名。该压缩格式有时也称为 LZH 格式。

② ZIP 是用 PKZIP 等工具压缩过的文件的扩展名。该压缩格式有时也称为 ZIP 格式。

③ 正如本书第 5 章所述，从物理上对磁盘进行读写时是以扇区（512 字节）为单位的。但另一方面，程序则可以在逻辑上以字节为单位对文件的内容进行读写。

那么该文件就是图像文件。在任何情况下，文件中的字节数据都是连续存储的，大家一定要认识到这一点（图 6-1）。

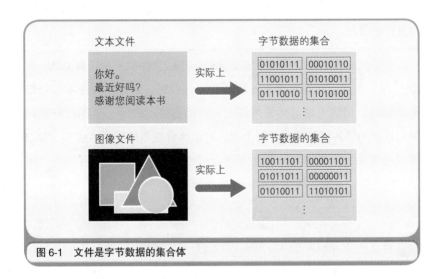

图 6-1　文件是字节数据的集合体

6.2　RLE 算法的机制

接下来就让我们正式看一下文件的压缩机制。首先让我们来尝试一下对存储着 AAAAAABBCDDEEEEEF 这 17 个半角字符的文件（文本文件）进行压缩。虽然这些文字没有什么实际意义，但是很适合用来解说 RLE 算法的压缩机制。

由于半角字母中，1 个字符是作为 1 个字节的数据被保存在文件中的。因此上述文件的大小就是 17 个字节。那么如何才能压缩该文件呢？大家也不妨考虑一下。只要能使文件小于 17 字节，我们可以使用任何压缩方法。

这时，大家是不是会采取将文件的内容用"字符 × 重复次数"这样的表现方式来压缩呢。确实，在观察 AAAAAABBCDDEEEEEF 这个数据后，不难看出有不少字符是重复出现的。在字符后面加上重复出现次数，AAAAAABBCDDEEEEEF 就可以用 A6B2C1D2E5F1 来表示。A6B2C1D2E5F1 是 12 个字符也就是 12 字节，因此结果就将原文件压缩了 12 字节 ÷17 字节 ≒ 70%。恭喜你，压缩成功了！

像这样，把文件内容用"数据 × 重复次数"的形式来表示的压缩方法称为 RLE（Run Length Encoding，行程长度编码）算法（图 6-2）。RLE 算法是一种很好的压缩方法，经常被用于压缩传真的图像等[1]。因为图像文件本质上也是字节数据的集合体，所以可以用 RLE 算法来压缩。

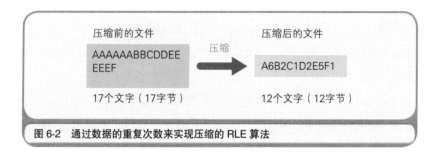

图 6-2　通过数据的重复次数来实现压缩的 RLE 算法

6.3　RLE 算法的缺点

然而，在实际的文本文件中，同样字符多次重复出现的情况并不多见。虽然针对相同数据经常连续出现的图像、文件等，RLE 算法可以发挥不错的效果，但它并不适合文本文件的压缩。不过，因为该压

[1]　RLE 算法经常被用于传真 FAX 等。G3 类传真机是把文字和图形都作为黑白图像来发送的。由于黑白图像的数据中，白或黑通常是部分连续的，因此就没有必要再发送这部分数据的值（白或者黑），而只需附带上重复次数即可，这样压缩效率就得到了大幅提升。例如，像白色部分重复 5 次，黑色部分重复 7 次，白色部分重复 4 次，黑色部分重复 6 次这样的部分图像，就可以用 5746 这样的重复次数数字来进行压缩。

缩机制非常简单，因此使用 RLE 算法的程序也相对更容易编写。笔者曾用自己做成的 RLE 算法压缩程序对各种类型的文件进行过压缩，其结果如表 6-1 所示。

表 6-1　借助 RLE 算法对各文件进行压缩的结果

文件类型	压缩前文件大小	压缩后文件大小	压缩比率
文本文件	14862 字节	29506 字节	199%
图像文件	96062 字节	38328 字节	40%
EXE 文件	24576 字节	15198 字节	62%

通过表 6-1 可以看出，使用 RLE 算法对文本文件进行压缩后，文件却增大了，而且几乎是压缩前的 2 倍。这是因为文本文件中同样字符连续出现的部分并不多。以存储着 "This is a pen." 这 14 个字符的文本文件为例，使用 RLE 算法对其进行压缩后，就变成了 "T1h1i1s1 1i1s1 1a1 1p1e1n1.1" 这样的 28 个字符，是压缩前的 2 倍。由于文章中字符大量连续出现的情况并不多见，因此，使用 RLE 算法后，大部分字符后面都会加上 1，这样一来，压缩后的文件自然变成了之前的 2 倍。

与文本文件不同，图像文件的压缩比率[①]达到了 40%。程序的 EXE 文件的压缩比率也达到了 60%，这是因为 EXE 文件中连续的数据部分，其初始值为 0 的情况很多。

此外，我们也可以在 RLE 算法的基础上再下点功夫，不以 1 个字符为单位，而以字符串为单位来查找重复次数。例如，This is a pen. 中，is 重复了两次。通过利用这个压缩技巧，压缩后的文件也能小一些。由此可见，压缩技巧的拙劣是由所花的功夫决定的。

---

① 压缩后同压缩前文件大小的比率，称为压缩比率或压缩比。

6.4 通过莫尔斯编码来看哈夫曼算法的基础

压缩技巧实际上有很多种。接下来，我们就来看一下本章要介绍的第二个压缩技巧，即哈夫曼算法。**哈夫曼算法**是哈夫曼（D. A. Huffman）于 1952 年提出来的压缩算法。日本人比较常用的压缩软件 LHA[①]，使用的就是哈夫曼算法。

为了更好地理解哈夫曼算法，首先大家要抛弃掉"半角英文数字的 1 个字符是 1 个字节（8 位）的数据"这一概念。文本文件是由不同类型的字符组合而成的，而且不同的字符出现的次数也是不同的。例如，在某一个文本文件中，A 出现了 100 次左右，Q 仅用到了 3 次，类似这样的情况是很常见的。而哈夫曼算法的关键就在于"多次出现的数据用小于 8 位的字节数来表示，不常用的数据则可以用超过 8 位的字节数来表示"。A 和 Q 都用 8 位来表示时，原文件的大小就是 100 次 × 8 位 + 3 次 × 8 位 = 824 位，而假设 A 用 2 位、Q 用 10 位来表示，压缩后的大小就是 100 次 × 2 位 + 3 次 × 10 位 = 230 位。

不过有一点需要注意，不管是不满 8 位的数据，还是超过 8 位的数据，最终都要以 8 位为单位保存到文件中。这是因为磁盘是以字节（8 位）为单位来保存数据的（图 6-3）。为了实现这一处理，压缩程序的内容会复杂很多，不过作为回报，最终得到的压缩率也是相当高的。

下面让我们把当前的话题暂时放下，为了更好地理解哈夫曼算法，先来看一下莫尔斯编码。莫尔斯编码是 1837 年莫尔斯（Samuel F. B. Morse）提出的。莫尔斯编码不是通过语言，而是通过"嗒 嘀 嗒 嘀"这些长点

[①] LHA 是吉崎荣泰开发的一款免费压缩软件。

和短点的组合来传递文本信息的。想必大家在电影中也都看到过发送莫尔斯电码的设备。

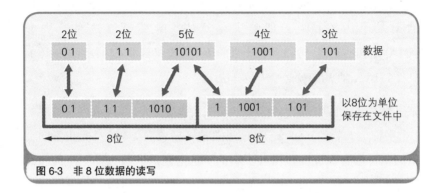

图6-3 非8位数据的读写

接下来我们就来仔细讲解一下莫尔斯编码。对数字领域比较熟悉的读者可能会认为"莫尔斯编码的短点是0，长点是1，其中1个字符用8位来表示"，但实际上，根据字符种类的不同，莫尔斯电码符号的长度也是不同的。表6-2是莫尔斯编码的示例。大家把1看作是短点（嘀），把11看作是长点（嗒）即可。

表6-2 莫尔斯编码和位长

字符	对应的位数据	位长
A	1 0 1 1	4 位
B	1 1 0 1 0 1 0 1	8 位
C	1 1 0 1 0 1 1 0 1	9 位
D	1 1 0 1 0 1	6 位
E	1	1 位
F	1 0 1 0 1 1 0 1	8 位
字符间隔	0 0	2 位

1：短点、11：长点、0：短点和长点的分隔符

莫尔斯编码把一般文本中出现频率高的字符用短编码来表示。这

里所说的出现频率，不是通过对出版物等文章进行统计调查得来的，而是根据印刷行业的印刷活字数目而确定的。如表 6-2 所示，假设表示短点的位是 1，表示长点的位是 11 的话，那么 E（嘀）这一字符的数据就可以用 1 位的 1 来表示，C（嗒嘀嗒嘀）这一字符的数据就可以用 9 位的 110101101 来表示。在实际的莫尔斯编码中，如果短点的长度是 1，长点的长度就是 3，短点和长点的间隔就是 1。这里的长度指的是声音的长度。接下来，就让我们尝试一下用莫尔斯编码来表示前面提到的 AAAAAABBCDDEEEEEF 这个 17 个字符的文本。在莫尔斯编码中，各个字符之间需要加入表示间隔的符号。这里我们用 00 来进行区分。因此，AAAAAABBCDDEEEEEF 这个文本，就变成了 A×6 次 +B×2 次 +C×1 次 +D×2 次 +E×5 次 +F×1 次 +字符间隔 ×16 = 4 位 ×6 次 +8 位 ×2 次 +9 位 ×1 次 +6 位 ×2 次 +1 位 ×5 次 +8 位 ×1 次 + 2 位 ×16 次 = 106 位 ≒ 14 字节。因为文件只能以字节为单位来存储数据，因此不满 1 字节的部分就要调整成 1 个字节。如果所有字符占用的空间都是 1 个字节（8 位），这样文本中列出来的 17 个字符 = 17 字节，那么摩尔斯电码的压缩比率就是 14÷17 ≒ 82%，并不太突出。

6.5 用二叉树实现哈夫曼编码

刚才已经提到，莫尔斯编码是根据日常文本中各字符的出现频率来决定表示各字符的编码的数据长度的。不过，该编码体系，对 AAAAAABBCDDEEEEEF 这样的特殊文本并不是最适合的。在莫尔斯编码中，E 的数据长度最短，而在 AAAAAABBCDDEEEEEF 这个文本中，出现最频繁的是字符 A。因此，应该给 A 分配数据长度最短的编码。这样做才会使压缩率更高。

　　下面我们来看一下哈夫曼算法。哈夫曼算法是指，为各压缩对象文件分别构造最佳的编码体系，并以该编码体系为基础来进行压缩。因此，用什么样式的编码（哈夫曼编码）对数据进行分割，就要由各个文件而定。用哈夫曼算法压缩过的文件中，存储着哈夫曼编码信息和压缩过的数据（图 6-4）。

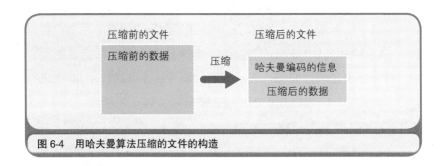

图 6-4　用哈夫曼算法压缩的文件的构造

　　接下来，我们尝试一下把 AAAAAABBCDDEEEEEF 中的 A～F 这些字符，按照"出现频率高的字符用尽量少的位数编码来表示"这一原则进行整理。按照出现频率从高到低的顺序整理后，结果就如表 6-3 所示。该表中同时也列出了编码的方案。

表 6-3　出现频率和编码（方案）

字符	出现频率	编码（方案）	位数
A	6	0	1
E	5	1	1
B	2	10	2
D	2	11	2
C	1	100	3
F	1	101	3

　　在表 6-3 的编码（方案）中，随着出现频率的降低，字符编码信息

的数据位数也在逐渐增加，从开始的 1 位、2 位，依次增加到 3 位。不过，这个编码体系是存在问题的。该问题就是，例如 100 这个 3 位的编码，它的意思是用 1、0、0 这 3 个编码来表示 E、A、A 呢？还是用 10、0 这两个编码来表示 B 、A 呢？亦或是用 100 来表示 C 呢？这些都无法进行区分。因此，如果不加入用来区分字符的符号，这个编码（方案）就无法使用。

而在哈夫曼算法中，通过借助**哈夫曼树**构造编码体系，即使在不使用字符区分符号的情况下，也可以构建能够明确进行区分的编码体系。也就是说，利用哈夫曼树后，就算表示各字符的数据位数不同，也能够做成可以明确区分的编码。因此，只要掌握了哈夫曼树的制作方法，并用程序将其完成，就可以借助哈夫曼算法实现文件压缩了。不过，与 RLE 算法相比，程序的内容要复杂很多。

接下来我们就来看一下如何制作哈夫曼树。自然界的树是从根开始生枝长叶的。而哈夫曼树则是从叶生枝，然后再生根。图 6-5 展示了对 AAAAAABBCDDEEEEEF 进行编码的哈夫曼树的制作过程。大家也尝试绘制一下吧。尝试过 1 次后，应该就能理解哈夫曼树的制作顺序了。

步骤1：列出数据及其出现频率，（ ）里面表示的是出现频率，
这里按照降序排列

出现频率　　（6）（5）（2）（2）（1）（1）
数据　　　　A　　E　　B　　D　　C　　F

步骤2：选择两个出现频率最小的数字，拉出两条线，并在交叉地方
写上这两位数字的和。当有多个选项时，任意选取即可

　　　　　　　　　　　　　　　　　　　　　　　　（2）

出现频率　　（6）（5）（2）（2）（1）（1）
数据　　　　A　　E　　B　　D　　C　　F

步骤3：重复步骤2，可以连接任何位置的数值

　　　　　　　　　　　　（4）　　　　（2）

出现频率　　（6）（5）（2）（2）（1）（1）
数据　　　　A　　E　　B　　D　　C　　F

步骤4：最后这些数字会被汇集到了1个点上，该点就是根，这样哈夫
曼树也就完成了。按照从根部到底部的叶子这一顺序，在左边
的树枝（线）处写上0，在右边的树枝（线）处写上1。然后从
根部开始沿着树枝到达目标文字后，再按照顺序把通过的树枝
上的0或者1写下来，就可以得到哈夫曼编码了

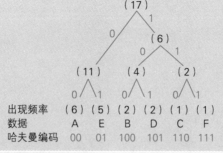

出现频率　　（6）（5）（2）（2）（1）（1）
数据　　　　A　　E　　B　　D　　C　　F
哈夫曼编码　00　　01　100　101　110　111

图 6-5　哈夫曼树的编码顺序

◎ 6.6　哈夫曼算法能够大幅提升压缩比率

使用哈夫曼树后，出现频率越高的数据所占用的数据位数就越少，而且数据的区分也可以很清晰地实现。但哈夫曼算法为什么达到这么好的效果呢，大家都了解吗？

通过图 6-5 的步骤 2 可以发现，在用枝条连接数据时，我们是从出现频率较低的数据开始的，这就意味着出现频率越低的数据到达根部的枝条数就越多。而枝条数越多，编码的位数也就随之增多了。

而从用哈夫曼算法压缩过的文件中读取数据后，就会以位为单位对该数据进行排查，并与哈夫曼树进行比较看是否到达了目标编码，这就是为什么哈夫曼算法可以对数据进行区分的原因。例如，10001 这个使用图 6-5 所示的哈夫曼编码作成的 5 位数据，到达 100 时，对照哈夫曼树的数据，该数据表示的是 B 这个字符。至此就找到了 1 个字符。然后再顺着哈夫曼树寻找剩下的 01，会发现它表示的是 E 这个字符。

接下来，让我们来看一下哈夫曼算法的压缩比率。用图 6-5 得到的哈夫曼编码表示 AAAAAABBCDDEEEEEF，结果为 00000000000010010 01101011010101010101111，40 位 = 5 字节（这里为不包含哈夫曼编码信息的情况）。压缩前的数据是 17 字符 = 17 字节，也就是说，我们惊奇地得到了 5 字节 ÷ 17 字节 ≒ 29% 这样高的压缩率。表 6-4 是将表 6-1 中的文件应用哈夫曼算法的 LHA 进行压缩后的结果，大家可以参考一下。可以看出，不管是哪种类型的文件，都得到了很高的压缩比率。

表 6-4　LHA 对各种文件的压缩结果

文件类型	压缩前	压缩后	压缩比率
文本文件	14 862 字节	4119 字节	28%
图像文件	96 062 字节	9456 字节	10%
EXE 文件	24 576 字节	4652 字节	19%

6.7 可逆压缩和非可逆压缩

最后，让我们来看一下图像文件的数据形式。图像文件的使用目的通常是把图像数据输出到显示器、打印机等设备上。Windows 的标准图像数据形式为 BMP[①]，是完全未压缩的。由于显示器及打印机输出的 bit（点）是可以直接映射（mapping）的，因此便有了 BMP = bitmap 这一名称。

除 BMP 格式以外，还有其他各种格式的图像数据形式。比如 JPEG[②] 格式、TIFF[③] 格式、GIF[④] 格式等。与 BMP 格式不同的是，这些图像数据都会用一些技法来对数据进行压缩。

图像文件还可以使用与前文介绍的 RLE 算法、哈夫曼算法不同的其他压缩算法。这是因为，多数情况下，并不要求压缩后的图像文件必须还原到与压缩前同等的质量。与之相比，程序的 EXE 文件以及每个字符、数值都有具体含义的文本文件则必须要还原到和压缩前同样的内容。而对于图像文件来说，即使有时无法还原到压缩前那样鲜明的图像状态，但只要肉眼看不出什么区别，有一些模糊也勉强可以接受。这里，我们把能还原到压缩前状态的压缩称为**可逆压缩**，无法还原到压缩前状态的压缩称为**非可逆压缩**，这一点希望大家记住（图 6-6）。

---

① BMP（Bitmap）是使用 Windows 自带的画笔来做成的一种图像数据形式。

② JPEG（Joint Photographic Experts Group）是数码相机等常用的一种图像数据形式。

③ TIFF（Tag Image File Format）是一种通过在文件头中包含"标签"就能够显示出数据性质的图像数据形式。

④ GIF（Graphics Interchange Format）是由美国 CompuServe 开发的一种数据格式。这种格式要求色数不超过 256 色。

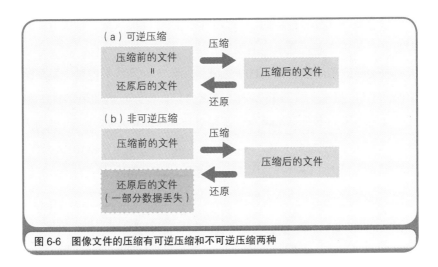

图 6-6　图像文件的压缩有可逆压缩和不可逆压缩两种

图 6-7 中列出了各种格式的图像文件。其中，原始的图像文件是 BMP 格式。通过此图可以看出，JPEG 格式和 GIF 格式的图像文件有一些模糊。这是因为 JPEG 格式^①的文件是非可逆压缩，因此还原后的

---

① 数码相机中经常用到的 JPEG 格式文件，有 3 种压缩方式。

（1）把构成图像的点阵的颜色信息由 RGB（红色、绿色、蓝色）形式转化成 YCbCr（亮度、蓝色色度、红色色度）形式。我们知道，人眼对亮度很敏感，但对颜色的变化却有些迟钝。因此，人眼比较敏感的亮度 Y 就是一个很重要的参数，而表示颜色的 Cb、Cr 则没有那么重要。于是我们就可以通过减少 Cb 和 Cr 的信息间距来缩小图像数据的大小。

（2）将每个点的色素变化看作是波形的信号变化，进行傅里叶变换。傅里叶变换是指将波形按照频率分量进行分解。照片等图像文件的特点是低频率（柔和的颜色变化）的部分较多，高频率（强烈的颜色变化）的部分较少。因此，这里我们就可以把高频率的部分剪切掉。这样一来，图像数据也就会缩小。虽然剪切掉了高频率部分，但人眼分辨不出什么差别。不过，如果是用 Windows 画笔描绘的简单图形，其中颜色变化强烈的部分就会出现模糊现象。大家不妨使用 Windows 画笔做一个圆形或者四方形的图形，并将其保存成 JPEG 格式。然后再打开这个 JPEG 文件，你就会发现颜色变化强烈的部分变模糊了。

（3）最后，将已经瘦身的图像数据通过哈夫曼算法进行压缩。这样就可以使图像数据进一步缩小。

图像信息有一部分是模糊的。而 GIF 格式的文件虽然是可逆压缩，但因为有色数不能超过 256 色的限制，所以还原后颜色信息会有一些缺失，进而导致了图像模糊。TIFF 格式的图像文件虽然不模糊，但却比原始的 BMP 格式的文件还要大，这是为什么呢？我们知道，TIFF 格式的文件中带有各种标签信息，是可以选择压缩格式的，而这里选择的是与 BMP 同样的无压缩方式。但由于与原始的图像数据相比，TIFF 格式的文件中附加了标签信息，所以结果就比 BMP 格式的文件更大了。

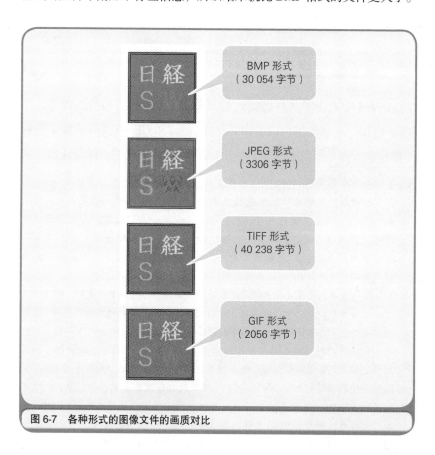

BMP 形式
（30 054 字节）

JPEG 形式
（3306 字节）

TIFF 形式
（40 238 字节）

GIF 形式
（2056 字节）

图 6-7　各种形式的图像文件的画质对比

　　压缩算法的种类大概有一二十种。之所以会存在如此多的压缩算法，是因为压缩比率、压缩需要的处理时间（程序的复杂程度）以及各种文件的需求等是不一样的。因此，至今学界都不能提出一个万能的压缩算法。而这也为各位读者提供了一个展露才能的机会。大家不妨尝试一下，自己原创一个压缩算法。不过有一点需要注意，文本文件不能进行非可逆压缩。至于原因，想必大家也都清楚了吧。

　　接下来的一章，我们将会返回到本书的主题，对程序的运行环境进行说明。

如果是你，你会怎样介绍？

向沉迷游戏的中学生讲解内存和磁盘

笔者：你现在最想要的东西是什么？

中学生：现在？游戏机呗。

笔者：那你都有什么游戏机啊？

中学生：任天堂 DS 和 PlayStation。

笔者：（太好了！这样就可以向他讲解内存和磁盘了）嗯嗯。那么，任天堂 DS 使用的是盒式卡带，PlayStation 使用的是 CD，对吧。卡带和 CD 有什么不同呢？

中学生：CD 可以存放大量的数据，另外图像和声音也很有冲击力啊。

笔者：说得对！说得对！你知道吗，任天堂 DS 和 PlayStation 都是计算机的一种。计算机不仅可以玩游戏，也可以进行文档处理和上网，所以说任天堂 DS 和 PlayStation 就是游戏专用的计算机。

中学生：这个我也知道啊。

笔者：计算机是运行软件的机械设备，这些软件可以放在卡带及 CD 中，这些你知道吧？

中学生：当然知道了。

笔者：CD 就像唱片一样，是通过表面的凹凸来存储软件的，这一点想必你也知道吧。那么盒式卡带中是什么样子你知道吗？

中学生：简单啊。里面有内存啊。

笔者：了不起！答对了！那你知道内存是如何存储软件的吗？

中学生：……

笔者：是通过电流的有无来存储的。你可以这样理解，有电流时是凸，无电流时是凹。

中学生：那么，为什么 CD 能存储更多的数据呢？

笔者：（唉，这还真是个难题……怎么回答好呢……有了！）盒式卡带使用大量内存的话也可以放入大量数据啊。不过，到时候 1 个盒式卡带就要几千元了。

中学生：几千元，买不起啊。

笔者：对啊。正是因为如此，数据量大的软件才放在成本较低的 CD 中进行存储。不过，CD 中存储的软件，也要复制到游戏机的内存中才能运行。

中学生：那不就是说，最后还是用到了内存吗？

笔者：确实是这样，游戏机的内存，只能放入少量的数据。因此，游戏机是一边把 CD 中存储的软件部分复制入内存，一边运行游戏的。

中学生：怪不得游戏中会出现 Loading...呢。原来如此，明白了。

笔者：对，就是这样！正如刚才所说的，计算机中用来存储数据的手段，有类似于 CD 这样的磁盘和内存这两种。而且从现状来看，磁盘比内存要便宜。

中学生：那么，所有的游戏都放在磁盘中的话不也挺好嘛。

笔者：这个提议虽说不错，但正如刚才所说的那样，游戏要在游戏机中运行必须要复制到内存中才行。

中学生：盒式卡带的数据也要复制到内存中吗？

笔者：不用。盒式卡带的情况下，可以将游戏机主机的内存完整置换，所以不需要往内存中复制数据。只有磁盘才必须把数据复制到内存中。

中学生：原来如此啊。

笔者：明白了吗？

中学生：知道啦。

笔者：确定？

中学生：确定。我要继续玩游戏去了。

笔者：那么，刚才玩游戏时的数据，存储在了什么地方你知道吗？

中学生：这个话题，咱们就不说了吧。

笔者：喂，等一下！

中学生：Byebye！

第7章

7 程序是在何种环境中运行的

热身问答

阅读正文前，让我们先回答下面的问题来热热身吧。

问题

1. 应用的运行环境，指的是什么？
2. Macintosh 用的操作系统（MacOS），在 AT 兼容机上能运行吗？
3. Windows 上的应用，在 MacOS 上能运行吗？
4. FreeBSD 提供的 Ports，指的是什么？
5. 在 Macintosh 上可以利用的 Windows 环境模拟器称为什么？
6. Java 虚拟机的功能是什么？

　　怎么样? 是不是发现有一些问题无法简单地解释清楚呢? 下面是笔者的答案和解析，供大家参考。

答案

1. 操作系统和计算机本身 (硬件) 的种类
2. 无法运行
3. 无法运行
4. 通过使用源代码来提供应用，并根据运行环境进行整合编译，从而得以在该环境下运行的机制
5. Virtual PC for Mac
6. 运行 Java 应用的字节代码

解析

1. 应用的运行环境通常是用类似于 Windows(OS) 和 AT 兼容机 (硬件) 这样的 OS 和硬件的种类来表示的。
2. 不同的硬件种类需要不同的操作系统。
3. 应用是为了在特定操作系统上运行而作成的。
4. FreeBSD 是一种 Unix 操作系统。通过在各个环境中编译 Ports 中公开的代码，就可以执行由此生成的本地代码了。
5. 模拟器是指在 Macintosh 上提供虚拟的 Windows 环境。
6. 只要分别为各个环境安装专用的 Java 虚拟机，同样的字节代码就能在各种环境下运行了。

本章
重点

　　由于同一个程序能被大量用户使用，所以说程序具有很大的价值。如果将程序拿来出售的话，只要销量大，肯定就能收到非常可观的利润。而即便是自由软件（free soft）[①]，若是有大量用户使用的话，那也是一件让人高兴的事情。大家也都希望自己编写的程序被尽可能多的用户喜欢并使用吧。但是，如果运行环境不同，程序是无法运行的。例如，在 Macintosh 上直接运行 Windows 用的程序，基本上是无法实现的。大家都知道这是因为运行环境不同造成的。那么，运行环境不同指的是什么呢？为什么运行环境不同，应用就无法运行呢？本章将对这些问题进行解答，并介绍多个解决方法。

7.1 运行环境 = 操作系统 + 硬件

　　程序中包含着运行环境这一内容。大家手头若是有购买的应用软件的话，可以稍微观察一下它的安装包或者目录。通常在某个位置会写有"运行环境"这一项。例如，2007 Microsoft Office System（下文简称为 Office 2007）需要的运行环境，就如表 7-1 所示。从中可以看出，在表示程序的运行环境时，列出了 Operating System（操作系统）和计算机的主机（硬件）两项，由此，大家可以清楚地知道运行环境是这两者的综合。也就是说，操作系统和硬件决定了程序的运行环境。

---

① 自由软件一般都是免费的。用户可以从互联网上下载，或者从书、杂志等附带的 CD-ROM 中获取。

表 7-1　2007 Microsoft Office sytem 的运行环境（这里省略了部分内容）

日语版操作系统	Microsoft Windows XP Service Pack(SP)2、Windows Server 2003 SP1 及以上版本的操作系统
计算机和 CPU（PC/AT 兼容机）	500MHZ 以上的 CPU
内存	256MB 以上的内存，需要高速检索的情况下，推荐使用 512MB 以上的内存
硬盘	2GB 以上的剩余空间，安装后，删除硬盘上下载的安装包的话，会稍微释放出一点空间
显示器	1024x768 以上的高解析度显示器
磁盘设备	CD-ROM 驱动器或者 DVD-ROM 驱动器

　　同一类型的硬件可以选择安装多种操作系统。例如，同样的 AT 兼容机[①]中，既可以安装 Windows，也可以安装 Linux[②]等操作系统。正因为如此，Office 2007 的运行环境中，把硬件和操作系统的种类这两方面内容都列了出来（图 7-1）。不过，Windows 及 Linux 操作系统也存在多种版本。根据应用的具体情况，有时只有在特定版本的操作系统上才能运行。

　　从程序的运行环境这一角度来考量硬件时，CPU 的种类是特别重要的参数。为了保证 Office 2007 的正常运行，需要具备 Pentium 等被称为 x86[③]的 CPU（微处理器）。

---

① AT 兼容机是指，可以和 IBM 开发的 PC/AT 在硬件上相互兼容的计算机的总称。称为"PC/AT 兼容机"和"DOS/V 机"。现在在市面上销售的大部分计算机都是 AT 兼容机。另外，IBM 现在已经把计算机事业部卖给了联想。

② Linux 是 1991 年赫尔辛基大学的 Linus Torvalds 开发的 Unix 系操作系统。发布后得到了很多有志者的协助，为其追加了大量的功能。在服务端操作系统中占有比较高的比率。

③ 美国 Intel 的微处理器，是按照 8086、80286、80386、80486、Pentium……这样的顺序不断升级的。因为这些型号的后面都带有 86，所以总称为 x86。32 位处理器也称为"IA-32"。

图 7-1 操作系统和硬件共同决定应用的运行环境

CPU 只能解释其自身固有的机器语言。不同的 CPU 能解释的机器语言的种类也是不同的。例如，CPU 有 x86、MIPS、SPARC、PowerPC[①]等几种类型，它们各自的机器语言是完全不同的。

机器语言的程序称为**本地代码**（native code）。程序员用 C 语言等编写的程序，在编写阶段仅仅是文本文件。文本文件（排除文字编码的问题）在任何环境下都能显示和编辑。我们称之为**源代码**。通过对源代码进行编译，就可以得到本地代码。在市面上出售的用于 Windows 的应用软件包 CD-ROM 中，收录的就不是源代码，而是本地代码[②]（图 7-2）。

---

① MIPS 是美国 MIPS 科技公司开发的 CPU。曾出现过面向 MIPS 工作站的 Windows，不过现在市面上已经不再出售了。SPARC 是美国 SUN 系统开发的 CPU。很多工作站都采用了该 CPU。PowerPC 是美国苹果、IBM、摩托罗拉共同开发的 CPU。苹果的 Power Mac 及 IBM 的工作站都采用了该 CPU。不过现在的 Mac 采用的是 Intel 的 x86 系列 CPU。

② Windows 应用程序的本地代码，通常是 EXE 文件及 DLL 文件等形式。

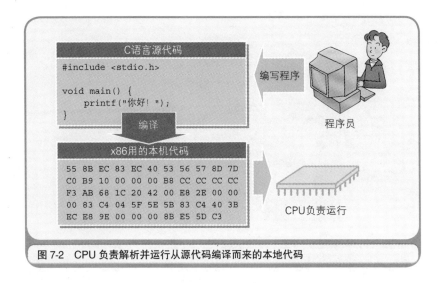

图 7-2　CPU 负责解析并运行从源代码编译而来的本地代码

7.2　Windows 克服了 CPU 以外的硬件差异

计算机的硬件并不仅仅是由 CPU 构成的，还包括用于存储程序指令和数据的内存，以及通过 I/O 连接的键盘、显示器、硬盘、打印机等外围设备。而计算机是如何控制这些外围设备的呢？这和计算机的机型有着很大的关系。

Windows 操作系统对克服这些硬件构成的差异做出了很大贡献。在介绍 Windows 之前，让我们先来回顾一下 Windows 的前身操作系统 MS-DOS[①]广泛使用的时代。在 20 年前的 MS-DOS 时代，日本国内市场上有 NEC 的 PC-9801、富士通的 FMR、东芝的 Dynabook 等各种机型的计算机。Windows3.0 及 3.1 问世前后，AT 兼容机开始普及，并开始同 PC-9801 争夺市场份额。

---

① MS-DOS（Microsoft Disk Operating System）是 20 世纪 80 年代普遍使用的计算机操作系统。

这些机型虽然都搭载了 486 及 Pentiunm 等 x86 系列的 CPU，不过内存和 I/O 地址的构成等都是不同的，因此每个机型都需要有专门的 MS-DOS 应用。x86 提供有专门用来同外围设备进行输入输出的 I/O 地址空间（I/O 地址分配）。至于各外围设备会分配到什么样的地址，则要由计算机的机型来定。

例如，如果想使用当时大热的文字处理软件——JustSystem 的"一太郎"的话，就必须要买各个机型专用的一太郎软件（图 7-3(a)）。这是因为，应用软件的功能中，存在着直接操作计算机硬件的部分。而这又是为什么呢？原因主要有两点，一是当时 MS-DOS 的功能尚不完善，二是为了提高程序的运行速度。

不过，随着 Windows 的广泛使用，这样的局面也得到了大幅改善。因为只要 Windows 能正常运行，同样的应用（本地代码）在任何机型上都是可以运行的（图 7-3(b)）。

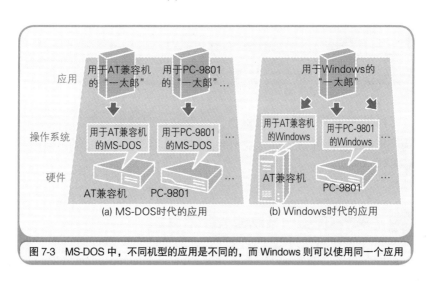

图 7-3 MS-DOS 中，不同机型的应用是不同的，而 Windows 则可以使用同一个应用

在 Windows 的应用软件中,键盘输入、显示器输出等并不是直接向硬件发送指令,而是通过向 Windows 发送指令来间接实现的。因此,程序员就不用注意内存和 I/O 地址的不同构成了。因为 Windows 操作的是硬件而非应用软件,而且针对不同的机型,这些硬件的构成也是有差异的(图 7-4)。不过,Windows 本身则需要为不同的机型分别提供专用的版本,比如用于 AT 兼容机的 Windows、用于 PC-9081 的 Windows 等。

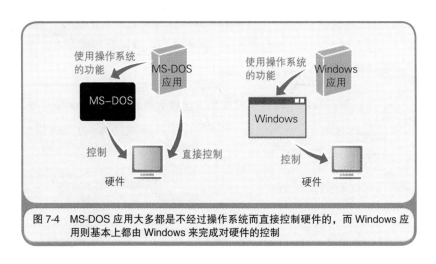

图 7-4 MS-DOS 应用大多都是不经过操作系统而直接控制硬件的,而 Windows 应用则基本上都由 Windows 来完成对硬件的控制

而即便是 Windows,也依然无法吸收 CPU 类型的差异。这是因为,市面上销售的 Windows 应用软件,都是用特定的 CPU 的本地代码来完成的。

7.3 不同操作系统的 API 不同

接下来让我们看一下操作系统的种类。同样机型的计算机,可安装的操作系统类型也会有多种选择。例如,AT 兼容机的情况下,除

Windows 之外，还可以采用 Unix 系列的 Linux 及 FreeBSD[①]等多个操作系统。当然，应用软件则必须根据不同的操作系统类型来专门开发。CPU 的类型不同，所对应的机器语言也不同，同样的道理，操作系统的类型不同，应用程序向操作系统传递指令的途径也是不同的。

应用程序向操作系统传递指令的途径称为 API（Application Programming Interface）[②]。Windows 及 Unix 系列操作系统的 API，提供了任何应用程序都可以利用的函数组合。因为不同操作系统的 API 是有差异的，因此，将同样的应用程序移植到其他操作系统时，就必须要重写应用中利用到 API 的部分。像键盘输入、鼠标输入、显示器输出、文件输入输出等同外围设备进行输入输出操作的功能，都是通过 API 提供的。

在同类型操作系统下，不管硬件如何，API 基本上没有差别。因而，针对某特定操作系统的 API 所编写的程序，在任何硬件上都可以运行。当然，由于 CPU 种类不同，机器语言也不相同，因此本地代码当然也是不同的。这种情况下，就需要利用能够生成各 CPU 专用的本地代码的编译器，来对源代码进行重新编译了。

程序（本地代码）的运行环境是由操作系统和硬件来决定的，这一点想必大家都清楚了吧。

7.4　FreeBSD Port 帮你轻松使用源代码

不知道各位读者会不会有这样的想法："既然 CPU 类型不同会导致

[①] FreeBSD 是 1993 年加州大学伯克利分校的 Computer Systems Research Group 在 4.4BSD-Lite 的基础上开发的 Unix 系列操作系统。

[②] API 也称为"系统调用"，是应用调用操作系统功能的手段。关于系统调用，我们会在第 9 章进行详细说明。

同样的本地代码无法重复利用，那么为何不直接把源代码分发给程序呢?"的确，这也是一种方法。部分 Unix 系列操作系统就对此进行了灵活应用。

Unix 系列操作系统 FreeBSD 中，存在一种名为 Ports 的机制。该机制能够结合当前运行的硬件环境来编译应用的源代码，进而得到可以运行的本地代码系统。如果目标应用的源代码没有在硬件上的话，Ports 就会自动使用 FTP[①] 连接到相关站点来下载代码 (图 7-5)。

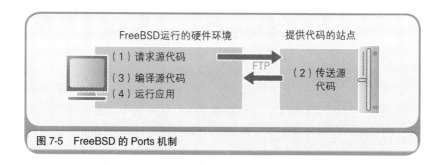

图 7-5　FreeBSD 的 Ports 机制

全球很多站点都提供适用于 FreeBSD 的应用源代码。通过使用 Ports 可以利用的程序源代码，大约有 16000 种。这些代码还被按照不同的领域进行了分类整理，可以随时拿来使用。

FreeBSD 上应用的源代码，大部分都是用 C 语言来记述的。FreeBSD 等 Unix 系列操作系统中，都带有标准的 C 编译器。C 编译器可以结合 FreeBSD 的运行环境生成合适的本地代码。因而，使用 FreeBSD 的同时，肯定也会享受到 Ports 带来的益处。可以说 Ports 能够克服包含 CPU 在内的所有硬件系统的差异。而且，Ports 这个术语，表示的是 porting (移植) 的意思。而根据不同的运行环境来重新调整程

---

① FTP (File Transfer Protocol) 是连接到互联网上的计算机之间传送文件的协议。

序，一般也称为"移植"。

7.5 利用虚拟机获得其他操作系统环境

即使不通过移植，也可以使用别的方法来运行其他操作系统的应用。这里我们要介绍的方法就是利用**虚拟机**软件。笔者的计算机上就安装了 Macintosh 的 "Virtual PC for Mac"[①]。通过利用该虚拟机，我们就可以在 Macintosh 的 Mac 操作系统上运行 Windows 应用了。

Virtual PC for MAC 可以使 Macintosh 这一硬件变得同 AT 兼容机一样，从而能在该硬件上安装 Windows。这样一来，Windows 下的所有应用就都可以正常运行了。Windows 应用利用的是 Windows 操作系统的 API。虽然表面上是 Windows 将硬件处理为了 AT 兼容机，但由于 Virtual PC for MAC 的作用，实际上运行的是 Macintosh 这一硬件。

图 7-6 是在 PowerBook G4 这个机型（CPU 不是 x86 而是 PowerPC G4）的 Macintosh 上，通过使用 Virtual PC for MAC 启动 Windows XP 来运行 Windows 的音乐应用 "BAND IN A BOX 14" 的情况。可以发现，虽然运行速度有点慢，但确实能正常运行。

---

① Macintosh（统称为 Mac）是美国苹果公司生产的计算机。这些计算机用的是名为 Mac OS 的操作系统。Virtual PC for Mac 是美国微软的产品，需要单独购买。2006 年，美国微软终止了 Virtual PC for Mac 的开发。这是因为 Mac 采用了 Intel CPU 的缘故。这里介绍的 Virtual PC for Mac 是采用 Power PC CPU 的 Mac 上使用的软件。

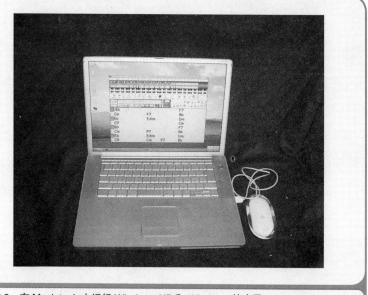

图 7-6　在 Macintosh 上运行 Windows XP 和 Windows 的应用

7.6　提供相同运行环境的 Java 虚拟机

除虚拟机的方法之外，还有一种方法能够提供不依赖于特定硬件及操作系统的程序运行环境，那就是 Java。

大家说的 Java，有两个层面的意思。一个是作为编程语言的 Java，另一个是作为程序运行环境的 Java。同其他编程语言相同，Java 也是将 Java 语法记述的源代码编译后运行。不过，编译后生成的并不是特定 CPU 使用的本地代码，而是名为**字节代码**的程序。字节代码的运行环境就称为 **Java 虚拟机**（JavaVM，Java Virtual Machine）。Java 虚拟机是一边把 Java 字节代码逐一转换成本地代码一边运行的。

例如，在使用用于 AT 兼容机的 Java 编译器和 Java 虚拟机的情况

下，编译器会将程序员编写的源代码（sample.java）转换成字节代码
（sample.class）。而 Java 虚拟机（java.exe）则会把字节代码变换成 x86
系列 CPU 适用的本地代码，然后由 x86 系列 CPU 负责实际的处理。

在程序运行时，将编译后的字节代码转换成本地代码，这样的操
作方法看上去有些迂回，但由此可以实现同样的字节代码在不同的环
境下运行。如果能够结合各种类型的操作系统和硬件作成 Java 虚拟机，
那么，同样字节代码的应用就可以在任何环境下运行了（图 7-7）。

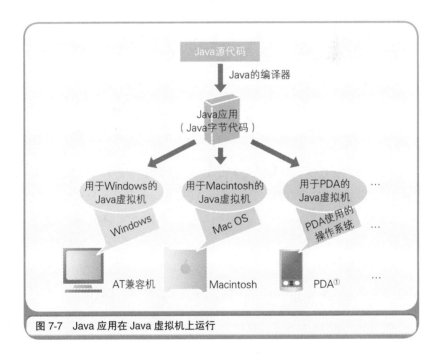

图 7-7　Java 应用在 Java 虚拟机上运行

Windows 有 Windows 专用的 Java 虚拟机，Macintosh 也有 Macintosh
专用的 Java 虚拟机。从操作系统方面来看，Java 虚拟机是一个应用，

---

① PDA（Personal Digital Assistant）是指可以放入手提包中的小型手持计算
机。也称为"手持设备"。

而从 Java 应用方面来看，Java 虚拟机就是运行环境。虽然这样看起来 Java 虚拟机全是好处，但其实也有不少问题。其中一点就是，不同的 Java 虚拟机之间无法进行完整互换。这是因为，想让所有字节代码在任意 Java 虚拟机上都能运行是比较困难的。而且，当我们使用只适用于某些特定硬件的功能时，就会出现在其他 Java 虚拟机上无法运行，或者功能使用受限等情况。

另一点就是运行速度的问题。Java 虚拟机每次运行时都要把字节代码变换成本机代码，这一机制是造成运行速度慢的原因。为此，目前业界也在努力改善这一问题，比如把首次变换后的本地代码保存起来，第 2 次以后直接利用本地代码，或是对字节代码中处理较为费时的部分进行优化（改善生成的本地代码质量）等。

7.7　BIOS 和引导

最后对一些比较基础（和硬件相近的部分）的内容做一下补充说明。程序的运行环境中，存在着名为 BIOS（Basic Input/Output System）的系统。BIOS 存储在 ROM 中，是预先内置在计算机主机内部的程序。BIOS 除了键盘、磁盘、显卡等基本控制程序外，还有启动"引导程序"的功能。**引导程序**是存储在启动驱动器起始区域的小程序。操作系统的启动驱动器一般是硬盘，不过有时也可以是 CD-ROM 或软盘。

开机后，BIOS 会确认硬件是否正常运行，没有问题的话就会启动引导程序。引导程序的功能是把在硬盘等记录的 OS 加载到内存中运行。虽然启动应用是 OS 的功能，但 OS 并不能自己启动自己，而是通过引导程序来启动。

Bootstrap 的原意是指靴子上部的"拔靴带"。BIOS 这样小的程序

（拔靴带），可以带动（启动）操作系统这样的大程序（靴子），所以由此得名（图7-8）。虽然操作系统运行以后，程序员就不用再关注BIOS及引导程序了，但需要知道它们的存在。

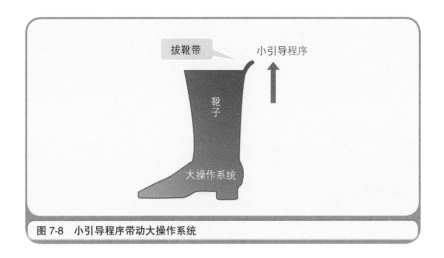

图 7-8 小引导程序带动大操作系统

本章我们一起了解了应用程序的运行环境，并对源代码和本地代码进行了简单的说明。下一章，我们将对源代码转换到本地代码的流程，也就是"编译"进行详细说明。

第 **8** 章

从源文件到可执行文件

阅读正文前,让我们先回答下面的问题来热热身吧。

问题

1. CPU 可以解析和运行的程序形式称为什么代码?

2. 将多个目标文件结合生成 EXE 文件的工具称为什么?

3. 扩展名为 .obj 的目标文件的内容,是源代码还是本地代码?

4. 把多个目标文件收录在一起的文件称为什么?

5. 仅包含 Windows 的 DLL 文件中存储的函数信息的文件称为什么?

6. 在程序运行时,用来动态申请分配的数据和对象的内存区域形式称为什么?

怎么样？是不是发现有一些问题无法简单地解释清楚呢？下面是笔者的答案和解析，供大家参考。

答案 •

1. 本地代码（机器语言代码）
2. 链接器
3. 本地代码
4. 库文件
5. 导入库
6. 堆

解析 •

1. 通过编译源代码得到本地代码。
2. 通过编译和链接，得到 EXE 文件。
3. 通过对源文件进行编译，得到目标文件。例如，C 语言中，将 Sample1.c 这个源文件编译后，就会得到 Sample1.obj 这个目标文件。目标文件的内容是本地代码。
4. 链接器会从库文件中抽取出必要的目标文件并将其结合到 EXE 文件中。此外，还存在一种程序运行时结合的 DLL 形式的库文件。
5. 把导入库信息结合到 EXE 文件中，这样程序在运行时就可以利用 DLL 内的函数了。
6. 堆的内存空间会根据程序的命令进行申请及释放。

本章重点

源代码完成后，就可以编译生成可执行文件了。负责实现该功能的是编译器。本章将围绕着编译器的功能，详细介绍从程序编写到运行为止的流程。首先，我们会和大家一起看一下源文件是如何通过编译转换成可执行文件的。接下来，我们会继续关注可执行文件被加载到内存后的运行机制。此外，还会对程序运行时内存上的栈及堆进行说明。由于篇幅有限，本章只介绍了用 C 语言编译器[①]来编写 Windows 用的可执行文件（EXE 文件）的示例，不过其他环境及编程语言等采用的基本上是同样的机制。因此，即使不了解 C 语言的相关知识也不会有影响，这一点请大家放心。

8.1 计算机只能运行本地代码

首先，请大家看一下代码清单 8-1。这是一个用 C 语言记述的 Windows 程序。该程序运行后，会把 123 和 456 的平均值 289.5 显示在消息框[②]（图 8-1）中。程序的内容并没有什么意思，这里仅仅是作为例子使用而已。

代码清单 8-1　求解平均值的程序

```
#include <windows.h>
#include <stdio.h>

// 消息框的标题
char* title = " 示例程序1";
```

---

① 本书使用的是 Borland C++ Compiler 5.5。命令行版的 Borland C++ Compiler 5.5 可以从 Borland 的网站上免费下载。C++ 是在 C 语言的基础上追加相应功能而开发出来的编程语言。用 C 语言编写的源文件，也可以在 C++ 编译器上进行编译。

② 消息框是一个为了显示短消息而出现的小窗口。

```
// 返回两个参数的平均值的函数
double Average(double a, double b) {
    return (a + b) / 2;                    (1)
}

// 程序运行启始位置的函数
int WINAPI WinMain(HINSTANCE h, HINSTANCE d, LPSTR s, int m)
{
    double ave;                 // 保存平均值的变量
    char buff[80];              // 保存字符串的变量

    // 求解 123,456 的平均值
    ave = Average(123, 456);

    // 编写显示在消息框中的字符串
    sprintf(buff, "平均值 = %f", ave);  ————————(3)      (2)

    // 打开消息框
    MessageBox(NULL, buff, title, MB_OK);  ————(4)

    return 0;
}
```

图 8-1 代码清单 8-1 的执行结果

  类似于代码清单 8-1 这样，用某种编程语言编写的程序就称为**源代码**[①]，保存源代码的文件称为**源文件**。用 C 语言编写的源文件的扩展名通常是 ".c"，因此，这里我们就把代码清单 8-1 的文件命名为 Sample1.c。

————————————————————

  ① 这里的 "源代码" 用英文表示是 "source code"。source 有 "原始的" 的意思，因此所谓源代码，就是原始的代码。源代码有时也称为源程序。

因为源文件是简单的文本文件，所以用 Windows 自带的记事本等文本编辑器就可以编写。

代码清单 8-1 的源代码是无法直接运行的。这是因为，CPU 能直接解析并运行的不是源代码而是本地代码的程序。作为计算机大脑的 Pentium 等 CPU，也只能解释已经转换成本地代码的程序内容。

本地（native）这个术语有"母语的"意思。对 CPU 来说，母语就是机器语言，而转换成机器语言的程序就是本地代码。用任何编程语言编写的源代码，最后都要翻译成本地代码（图 8-2），否则 CPU 就不能理解。也就是说，即使是用不同编程语言编写的代码，转换成本地代码后，也都变成用同一种语言（机器语言）来表示了。

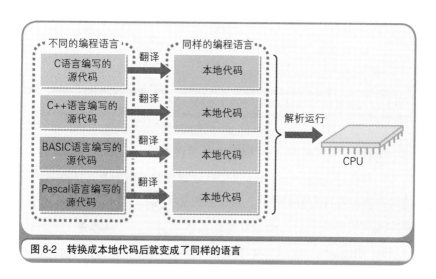

图 8-2 转换成本地代码后就变成了同样的语言

8.2 本地代码的内容

Windows 中 EXE 文件的程序内容，使用的就是本地代码。正所谓"百闻不如一见"，接下来就让我们来看一下本地代码的内容吧。

用记事本打开由代码清单 8-1 的内容转换成本地代码得到的 EXE
文件（Sample1.exe），页面显示情况如图 8-3 所示。据此我们应该可以
看出，本地代码的内容是人类无法理解的。也正是因为如此，才有了
用人类容易理解的 C 语言等编程语言来编写源代码，然后再将源代码
转换成本地代码这一方法。

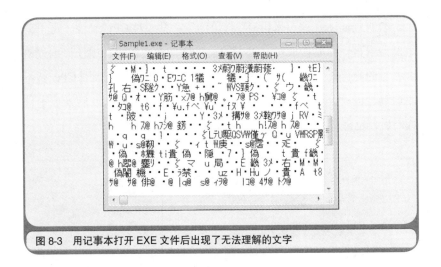

图 8-3　用记事本打开 EXE 文件后出现了无法理解的文字

接下来，我们把刚才的 EXE 文件的内容 Dump 一下。Dump 是指
把文件的内容，每个字节用 2 位十六进制数来表示的方式。本地代码
的内容就是各种数值的罗列，这一点想必大家都了解。而这些数值就
是本地代码的真面目。每个数值都表示某一个命令或数据（图 8-4）。
这里我们用的是原始的 Dump 程序。

而计算机就是把所有的信息作为数值的集合来处理的。例如，A
这个字符数据就是用十六进制数 41 来表示的。与此相同，计算机指令
也是数值的罗列。这就是本地代码。

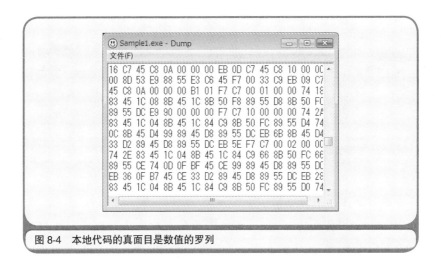

图 8-4　本地代码的真面目是数值的罗列

8.3　编译器负责转换源代码

能够把 C 语言等高级编程语言编写的源代码转换成本地代码的程序称为**编译器**。每个编写源代码的编程语言都需要其专用的编译器。将 C 语言编写的源代码转换成本地代码的编译器称为 C 编译器。

编译器首先读入代码的内容，然后再把源代码转换成本地代码。编译器中就好像有一个源代码同本地代码的对应表。但实际上，仅仅靠对应表是无法生成本地代码的。读入的源代码还要经过语法解析、句法解析、语义解析等，才能生成本地代码。

根据 CPU 类型的不同，本地代码的类型也不同。因而，编译器不仅和编程语言的种类有关，和 CPU 的类型也是相关的。例如，Pentium 等 x86 系列 CPU 用的 C 编译器，同 PowerPC 这种 CPU 用的 C 编译器就不同。从另一个方面来看，这其实是非常方便的。因为这样一来，同样的源代码就可以翻译成适用于不同 CPU 的本地代码了（图 8-5）。

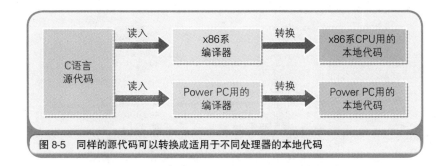

图 8-5 同样的源代码可以转换成适用于不同处理器的本地代码

因为编译器本身也是程序的一种，所以也需要运行环境。例如，有 Windows 用的 C 编译器、Linux 用的 C 编译器等。此外，还有一种**交叉编译器**，它生成的是和运行环境中的 CPU 不同的 CPU 所使用的本地代码。例如，在 Pentium 系列 CPU 的 Windows 这一运行环境下，也可以作成 SH[①] 及 MIPS 等 CPU 用的 Windows CE[②] 程序，而这就是通过使用交叉编译器来实现的。

读到这里大家可能稍微有一些混乱，不妨让我们来梳理一下。大家在计算机软件商店等处购买编译器时，可能会跟店员说明 3 点："想要买的是何种编程语言用的编译器""编译器生成的本地代码是用于哪种 CPU 的"以及"该编译器是在什么环境下使用的"（图 8-6）。而实际上，通常只要说明产品名及版本就可以了[③]。

[①] SH（SuperH）是日立制作所和三菱电机共同成立的瑞萨技术开发的 CPU。该 CPU 有多种类型，在手机、车载 GPS、PDA、游戏机等设备上均有使用。

[②] Windows CE 是采用了 MIPS、SH 等 CPU 的 PDA 及嵌入式开发领域广泛使用的操作系统。

[③] 现在编译器基本上不需要购买，都已经默认集成到开发 IDE 中了。

——译者注

图 8-6　确定编译器种类的三个关键词

8.4　仅靠编译是无法得到可执行文件的

编译器转换源代码后，就会生成本地文件。不过，本地文件是无法直接运行的。为了得到可以运行的 EXE 文件，编译之后还需要进行"链接"处理。下面，就让我们使用 Borland C++ Compiler5.5（以下称为 Borland C++）来看一下编译和链接是如何进行的。

Borland C++ 的编译器是 bcc32.exe 这个命令行工具。在 Windows 的命令提示符[①]中，运行下列命令后，由 C 语言编写的源文件 Smaple1.c 就会被编译[②]。

```
bcc32 -W -c Sample1.c
```

"-W-c"是用来指定编译 Windows 用的程序的选项。**选项**是对编译器的指示。有时也称为"开关"。

---

① 命令行工具指的是在 Windows 的命令提示符下使用的 CUI 程序。

② 编译 Sample1.c 后，可能会出现 WinMain 的参数没有被用到的警告提示，不过这不会造成什么影响。由于警告并不是出错，因而也可以生成目标文件。

编译后生成的不是 EXE 文件，而是扩展名为 ".obj" 的**目标文件**[①]。Sample1.c 编译后，就生成了 Sample1.obj 目标文件。虽然目标文件的内容是本地代码，但却无法直接运行。那么这是为什么呢？原因就是当前程序还处于未完成状态。

让我们再来看一遍代码清单 8-1 中的源代码。(1) 处的函数 Average() 同下面的函数 WinMain() 是程序员自己创建的，处理内容记述在源代码中。Average() 是用来返回两个参数数值的平均值的函数，Winmain() 是程序的运行起始函数。除此之外，还有 (3) 处的 sprintf() 函数和 (4) 处的 MessageBox() 函数。sprintf() 是通过指定格式把数值变换成字符串的函数，MessageBox() 是消息框函数，不过源代码中都没有记述这些函数的处理内容。因此，这时就必须将存储着 sprintf() 和 MessageBox() 的处理内容的目标文件同 Sample1.obj 结合，否则处理就不完整，EXE 文件也就无法完成。

把多个目标文件结合，生成 1 个 EXE 文件的处理就是**链接**，运行连接的程序就称为**链接器**（linkage editor 或连结器）。Borland C++ 的链接器就是 ilink32.exe 的命令行工具。在 Windows 命令提示符下运行以下命令后，程序所需的目标文件就会被全部链接生成 Sample1.exe 这个 EXE 文件。

```
ilink32 -Tpe -c -x -aa c0w32.obj Sample1.obj, Sample1.exe,,
import32.lib cw32.lib
```

---

① 目标文件（object file）中的 object 一词，指的是编译器生成结果的意思。和面向对象编程（object oriented programming）的 object 没有任何关系。面向对象编程的对象指的是数据和处理的集合体。

8.5　启动及库文件

　　链接选项 "-Tpe-c-x-aa" 是指定生成 Windows 用的 EXE 文件的选项。在这些选项之后，会指定结合的目标文件。而该命令行中就指定了 c0w32.obj、Sample1.obj 这两个目标文件，这点相信大家都能看得出来。Sample1.obj 是 Sample1.c 编译后得到的目标文件。c0w32.obj 这个目标文件记述的是同所有程序起始位置相结合的处理内容，称为程序的**启动**。因而，即使程序不调用其他目标文件的函数，也必须要进行链接，并和启动结合起来。c0w32.obj 是由 Borland C++ 提供的。如果 C：盘中安装有 Borland C++ 的话，文件夹 C:\Borland\bcc55\lib 中就会有 c0w32.obj 这个文件。

　　那么，大家可能会有这样一个疑问："链接时不指定 sprintf() 和 MessageBox() 的目标文件也没问题么？"这个担心是多余的。在链接的命令行末尾，存在着扩展名是 ".lib" 的 import32.lib 和 cw32.lib 这两个文件。这是因为 sprintf() 的目标文件在 cw32.lib 中，MessageBox() 的目标文件在 import32.lib 中（实际上，MessageBox() 的目标文件在 user32.dll 这个 DLL 文件中。关于这一点，我们会在后面进行说明）。

　　像 import32.lib 及 cw32.lib 这样的文件称为库文件。**库文件**指的是把多个目标文件集成保存到一个文件中的形式。链接器指定库文件后，就会从中把需要的目标文件抽取出来，并同其他目标文件结合生成 EXE 文件。

　　Sample1.obj 是尚未完成的本地代码，这个在前面已经进行了说明。这是因为，Sample1.obj 文件中包含有"链接时请结合 sprintf() 及 MessageBox()"这样的信息。意思是如果不存在其他函数的话，程序就无法运行。下面，我们就来做一个尝试，看看在不指定这两个库文件的情况下进行链接会发生什么。

```
ilink32 -Tpe -c -x -aa c0w32.obj Sample1.obj, Sample1.exe
```

在命令提示符上运行上述命令后，链接器就会出现如图 8-7 所示的错误消息（实际上显示的错误消息更多，这里对其进行了省略）。

> Error: 无法解析外部符号 '_sprintf'（请参考C:\TESTBP\SAMPLE1.OBJ）
> Error: 无法解析外部符号 'MessageBoxA'（请参考C:\TESTBP\SAMPLE1.OBJ）

图 8-7　链接器的错误信息

该错误消息表示的是无法解析 Sample1.obj 参照的外部符号。**外部符号**是指其他目标文件中的变量或函数。_sprintf 及 MessageBoxA 是目标文件中 sprintf() 及 MessageBox() 的名称。代码中记述的函数名同目标文件中的函数名有一些差异，不过大家只需把它理解成这是 C 编译器的规定即可。错误消息"无法解析的外部符号"表示的是无法找到记述着目的变量及函数的目标文件，因而无法进行链接的意思。

sprintf() 等函数，不是通过源代码形式而是通过库文件形式和编译器一起提供的。这样的函数称为**标准函数**。之所以使用库文件，是为了简化为链接器的参数指定多个目标文件这一过程。例如，在链接调用了数百个标准函数的程序时，就要在链接器的命令行中指定数百个目标文件，这样就太繁琐了。而利用存储着多个目标文件的库文件的话，则只需在链接器的命令行中指定几个库文件就可以了。

通过以目标文件的形式或集合多个目标文件的库文件形式来提供函数，就可以不用公开标准函数的源代码内容。由于标准函数的源代码是编译器厂商的贵重财产，因此若被其他公司任意转用的话，可能会造成一些损失。

8.6   DLL 文件及导入库

Windows 以函数的形式为应用提供了各种功能。这些形式的函数称为 API（Application Programming Interface，应用程序接口）。例如，Sample1.c 中调用的 MessageBox()，它并不是 C 语言的标准函数，而是 Windows 提供的 API 的一种。MessageBox() 提供了显示消息框的功能。

Windows 中，API 的目标文件，并不是存储在通常的库文件中，而是存储在名为 DLL（Dynamic Link Library）**文件**的特殊库文件中。就如 Dynamic 这一名称所表示的那样，DLL 文件是程序运行时动态结合的文件。在前面的介绍中，我们提到 MessageBox() 的目标文件是存储在 import32.lib 中的。实际上，import32.lib 中仅仅存储着两个信息，一是 MessageBox() 在 user32.dll 这个 DLL 文件中，另一个是存储着 DLL 文件的文件夹信息，MessageBox() 的目标文件的实体实际上并不存在。我们把类似于 import32.lib 这样的库文件称为**导入库**。

与此相反，存储着目标文件的实体，并直接和 EXE 文件结合的库文件形式称为**静态链接库**。静态（static = 静态的）同动态（dynamic = 动态的）是相反的意思。存储着 sprintf() 的目标文件的 cw32lib 就是静态链接库。sprintf() 提供了通过指定格式把数值转换成字符串的功能。

通过结合导入库文件，执行时从 DLL 文件中调出的 MessageBox() 函数这一信息就会和 EXE 文件进行结合。这样，链接器链接时就不会再出现错误消息，从而就可以顺利编写 EXE 文件。

至此，我们总结一下 Windows 中的编译及链接机制，如图 8-8 所示。

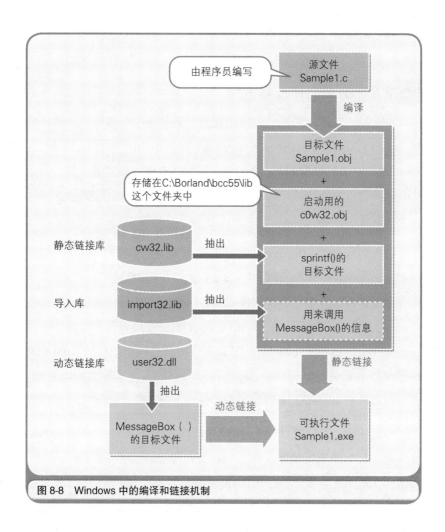

图 8-8 Windows 中的编译和链接机制

8.7 可执行文件运行时的必要条件

在了解了通过程序的编译及链接来生成 EXE 文件的机制后，接下来看一下 EXE 文件的运行机制。EXE 文件是作为单独的文件储存在硬盘中的。通过资源管理器找到并双击 EXE 文件，就会把 EXE 文件的内容加载到内存中运行。

请大家思考一下下面的问题。本地代码在对程序中记述的变量进行读写时，是参照数据存储的内存地址来运行命令的。在调用函数时，程序的处理流程就会跳转到存储着函数处理内容的内存地址上。EXE 文件作为本地代码的程序，并没有指定变量及函数的实际内存地址。在类似于 Windows 操作系统这样的可以加载多个可执行程序的运行环境中，每次运行时，程序内的变量及函数被分配到的内存地址都是不同的。那么，在 EXE 文件中，变量和函数的内存地址的值，是如何来表示的呢？

下面就让我们来揭晓答案。那就是 EXE 文件中给变量及函数分配了虚拟的内存地址。在程序运行时，虚拟的内存地址会转换成实际的内存地址。链接器会在 EXE 文件的开头，追加转换内存地址所需的必要信息。这个信息称为**再配置信息**。

EXE 文件的再配置信息，就成为了变量和函数的相对地址。相对地址表示的是相对于基点地址的偏移量，也就是相对距离。实现相对地址，也是需要花费一番心思的。在源代码中，虽然变量及函数是在不同位置分散记述的，但在链接后的 EXE 文件中，变量及函数就会变成一个连续排列的组。这样一来，各变量的内存地址就可以用相对于变量组起始位置这一基点的偏移量来表示，同样，各函数的内存地址也可以用相对于函数组起始位置这一基点的偏移量来表示。而各组基点的内存地址则是在程序运行时被分配的（图 8-9）。

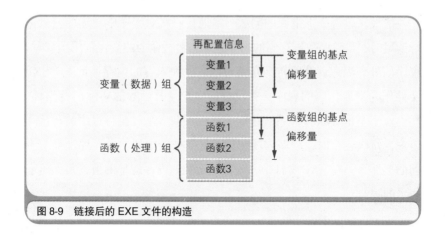

图 8-9 链接后的 EXE 文件的构造

8.8 程序加载时会生成栈和堆

EXE 文件的内容分为再配置信息、变量组和函数组，这一点想必大家都清楚了吧。不过，当程序加载到内存后，除此之外还会额外生成两个组，那就是栈和堆。**栈**是用来存储函数内部临时使用的变量（局部变量[①]），以及函数调用时所用的参数的内存区域。**堆**是用来存储程序运行时的任意数据及对象的内存领域（图 8-10）。

EXE 文件中并不存在栈及堆的组。栈和堆需要的内存空间是在 EXE 文件加载到内存后开始运行时得到分配的。因而，内存中的程序，就是由用于变量的内存空间、用于函数的内存空间、用于栈的内存空间、用于堆的内存空间这 4 部分构成的。当然，在内存中，加载 Windows 等操作系统的内存空间又是另外一回事了（图 8-10）。

[①] 局部变量是指只在调用函数时存在于内存中的变量。例如，在代码清单 8-1 中，WinMain 函数的处理中的 ave 和 buff 都是局部变量。全局变量是指程序运行时一直存在于内存中的变量。代码清单 8-1 中的 title 就是全局变量。

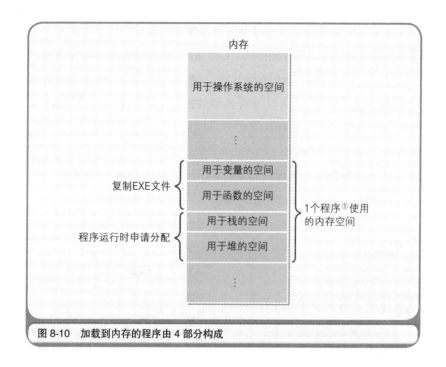

图8-10 加载到内存的程序由4部分构成

　　栈及堆的相似之处在于，他们的内存空间都是在程序运行时得到申请分配的[②]。不过，在内存的使用方法上，二者存在些许不同。栈中对数据进行存储和舍弃（清理处理）的代码，是由编译器自动生成的，因此不需要程序员的参与。使用栈的数据的内存空间，每当函数被调用时都会得到申请分配，并在函数处理完毕后自动释放。与此相对，堆的内存空间，则要根据程序员编写的程序，来明确进行申请分配或释放。

---

① 不管是什么程序，程序的内容都是由处理和数据构成的。大多数编程语言都是用函数来表示处理、用变量来表示数据。

② 栈和堆的大小，可以由程序员任意指定。在高级编程语言中，编译器会自动生成指定栈和堆大小的代码，并将其附加到程序中。

根据编程语言的不同，对堆用的内存空间进行申请分配和释放的程序的编写方法也是多种多样的。C 语言中是通过 malloc() 函数来进行申请分配、通过 free() 函数来释放的。而 C++ 中则是通过 new 运算符来申请分配、通过 delete 运算符来释放的。无论是 C 语言还是 C++，如果没有在程序中明确释放堆的内存空间，那么即使在处理完毕后，该内存空间仍会一直残留。这个现象称为**内存泄露**（memory leak），它是令 C 语言及 C++ 的程序员们十分头疼的一个 bug（程序的错误）。如果内存泄露一直存在的话，就有可能会造成内存不足而导致宕机。这就好比，如果水龙头一直嘀嗒嘀嗒地漏水，那么一晚上的时间水桶就可能会装满并溢出。

8.9 有点难度的 Q&A

Q：编译器和解释器有什么不同？

A： 编译器是在运行前对所有源代码进行解释处理的。而解释器则是在运行时对源代码的内容一行一行地进行解释处理的。

Q："分割编译"指的是什么？

A： 将整个程序分为多个源代码来编写，然后分别进行编译，最后链接成一个 EXE 文件。这样每个源代码都相对变短，便于程序管理。

Q："Build"指的是什么？

A： 根据开发工具种类的不同，有的编译器可以通过选择"Build"菜单来生成 EXE 文件。这种情况下，Build 指的是连续执行编译和链接。

Q：使用 DLL 文件的好处是什么？

A： DLL 文件中的函数可以被多个程序共用。因此，借助该功能可以节约内存和磁盘。此外，在对函数的内容进行修正时，还不需要重新链接（静态链接）使用这个函数的程序[①]。

Q：不链接导入库的话就无法调用 DLL 文件中的函数吗？

A：通过使用 LoadLibrary() 及 GetProcAddress() 这些 API，即使不链接导入库，也可以在程序运行时调用 DLL 文件中的函数。不过使用导入库更简单一些。

Q："叠加链接"这个术语指的是什么？

A：将不会同时执行的函数，交替加载到同一个地址中运行。通过使用"叠加链接器"这一特殊的链接器即可实现。在计算机中配置的内存容量不多的 MS-DOS 时代，经常使用叠加链接。

Q：和内存管理相关的"垃圾回收机制"指的是什么呢？

A：垃圾回收机制（garbage collection）指的是对处理完毕后不再需要的堆内存空间的数据和对象[②]进行清理，释放它们所使用的内存空间。这里把不需要的数据比喻为了垃圾。进行该处理时，C 语言用的是free() 函数，C++ 用的是 delete 运算符。在 C++ 的基础上开发出来的 Java 及 C# 这些编程语言中，程序运行环境会自动进行垃圾回收。这样就可以避免由于程序员的疏忽（忘了记述内存的释放处理）而造成内存泄露了。

---

① 关于 DLL 文件可以被多个程序共用的好处，第 5 章中有详细介绍。

② 堆中的 object（对象）不是 object 文件（目标文件），而是面向对象编程语言的 object（对象，数据和处理的集合体）。

第**9**章
操作系统和应用的关系

阅读正文前，让我们先回答下面的问题来热热身吧。

问题

1. 监控程序的主要功能是什么？
2. 在操作系统上运行的程序称为什么？
3. 调用操作系统功能称为什么？
4. Windows Vista 是多少位的操作系统？
5. GUI 是什么的缩写？
6. WYSIWYG 是什么的缩写？

怎么样？是不是发现有一些问题无法简单地解释清楚呢？下面是笔者的答案和解析，供大家参考。

答案 •

1. 程序的加载和运行
2. 应用或应用程序
3. 系统调用（system call）
4. 32 位（也有 64 位的版本）
5. Graphical User Interface（图形用户界面）
6. What You See Is What Your Get（所见即所得）

解析 •

1. 监控程序也可以说是操作系统的原型。
2. 文字处理软件和表格计算软件等都是应用。
3. 应用通过系统调用（system call）间接控制硬件。
4. Windows Vista 有 32 位 CPU 用的版本，也有 64 位 CPU 用的版本。
5. 显示器中显示的窗口及图标等通过鼠标点击可以直观操作的用户界面。
6. WYSIWYG 是指可以直接将显示器中显示的内容在打印机上打印出来。这也是 Windows 的特征之一。

利用计算机运行程序大部分都是为了提高处理效率。例如，Microsoft Word 这样的文字处理软件，是用来提高文本文件处理效率的程序，Microsoft Excel 等表格计算软件，是用来提高账本处理效率的程序。类似于文字处理软件及表格计算软件这样，为了提高特定处理效率的程序总称为"应用"。

程序员的工作就是编写各种各样的应用来提高业务效率。而应用的运行环境，也就是操作系统，则直接从软件商店等处购买就可以了。不过，一定不能忽略操作系统，否则就无法编写应用。这是因为，程序员是通过利用操作系统提供的功能来编写应用的。本章中，我们会对操作系统的角色，以及应用利用操作系统功能的方法进行说明。关于操作系统的类型，这里我们选取了用户人数较多的 Windows 作为示例。

9.1 操作系统功能的历史

首先，在简单回顾操作系统[①]的历史的同时，我们来看一下操作系统到底是怎样的软件。

在计算机中尚不存在操作系统的年代，完全没有任何程序，因此程序员就需要编写出处理相关的所有程序。用机器语言编写程序，然后再使用开关将程序输入，这一过程非常麻烦。于是，有人开发出了仅具有加载和运行功能的**监控程序**，这就是操作系统的原型。通过事先启动监控程序，程序员就可以根据需要将各种程序加载到内存中运

---

① 操作系统（Operating System）也称为基础软件。操作系统是计算机运行时不可或缺的控制程序，以及在控制程序下运转的为其他软件运行提供操作环境的软件的统称。另外，在操作系统上运行的应用也称为"应用程序"。

行。虽然依旧比较麻烦，但比起在没有任何程序的状态下进行开发，工作量得到了很大的缓解（图 9-1）。

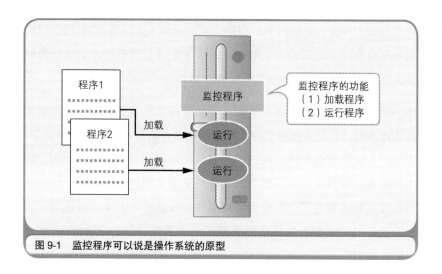

图 9-1 监控程序可以说是操作系统的原型

　　随着时代的发展，人们在利用监控程序编写程序的过程中，发现很多程序都有共通的部分。例如，通过键盘输入文字数据、往显示器输出文字数据等。这些处理，在任何程序下都是一样的。而如果每编写一个新的程序都要记述相同的处理的话，那真的是太浪费时间了。因此，基本的输入输出部分的程序就被追加到了监控程序中。初期的操作系统就这样诞生了（图 9-2）。

　　之后，随着时代的进一步发展，开始有更多的功能被追加到监控程序中，比如，为了方便程序员的硬件控制程序、编程语言处理器（汇编、编译、解析）以及各种实用程序等，结果就形成了和现在相差不大的操作系统。因此，操作系统本身并不是单独的程序，而是多个程序的集合体（图 9-3）。

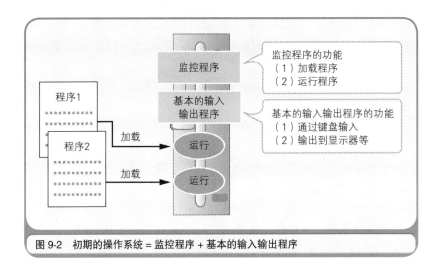

图 9-2 初期的操作系统＝监控程序＋基本的输入输出程序

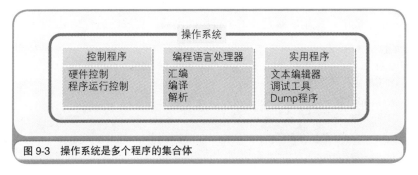

图 9-3 操作系统是多个程序的集合体

9.2 要意识到操作系统的存在

这里，我希望制作应用的程序员们意识到一点，那就是你们制作的不是硬件，而是利用操作系统功能的应用。虽然对程序员来说，掌握硬件的基本知识是必需的，不过，在操作系统诞生以后，就没有必要再编写直接控制硬件的程序了。这样一来，制作应用的程序员就逐渐同硬件隔离开来了。也就是说，程序员是很少关注现实世界（硬件）的。

由于操作系统诞生后，程序员无需再考虑硬件的问题，因此程序员的数量也增加了。哪怕是自称"对硬件一窍不通"的人，也可能会制作出一个有模有样的应用。不过，要想成为一个全面的程序员，有一点需要清楚的是，掌握基本的硬件知识，并借助操作系统进行抽象化，可以大大提高编程效率。否则，遇到问题时，你就无法找到解决办法。操作系统确实为程序员提供了很多方便。不过，仅仅享受方便是不行的，还要了解为什么自己能够这么方便。了解了这一点，就可以尽情地享受方便了。

下面就来看一下操作系统是如何给开发人员带来便利的。代码清单 9-1 表示的是，在 Windows 操作系统下，用 C 语言制作一个具有表示当前时间功能的应用。time() 是用来取得当前日期和时间的函数，printf() 是用来在显示器上显示字符串的函数。程序的运行结果如图 9-4 所示。

代码清单 9-1 表示当前时间的应用

```c
#include <stdio.h>
#include <time.h>

void main() {
    // 保存当前日期和时间信息的变量
    time_t tm;

    // 取得当前的日期和时间
    time(&tm);

    // 在显示器上显示日期和时间
    printf("%s\n", ctime(&tm));
}
```

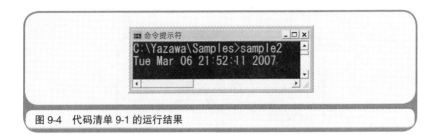

图 9-4　代码清单 9-1 的运行结果

运行代码清单 9-1 的应用时，硬件的受控过程如下所示。

（1）通过 time_t tm;，为 time_t 类型的变量申请分配内存空间。

（2）通过 time(&tm);，将当前的日期和时间数据保存到变量的内
　　　存空间中。

（3）通过 printf("%s\n",ctime(&tm));，把变量内存空间的内容输出
　　　到显示器上。

应用的可执行文件指的是，计算机的 CPU 可以直接解释并运行的
本地代码。不过这些代码是无法直接控制计算机中配置的时钟 IC 及显
示器用的 I/O 等硬件的。那么，为什么代码清单 9-1 的应用能够控制硬
件呢？

在操作系统这个运行环境下，应用并不是直接控制硬件，而是通
过操作系统来间接控制硬件的。变量定义中涉及的内存的申请分配，
以及 time() 和 printf() 这些函数的运行结果，都不是面向硬件而是面
向操作系统的。操作系统收到应用发出的指令后，首先会对该指令进
行解释，然后会对时钟 IC（实时时钟[①]）和显示器用的 I/O 进行控制。

---

① 计算机中都安装有保存日期和时间的实时时钟（Real-time clock）。本节中
　提到的时钟 IC 就是指该实时时钟。

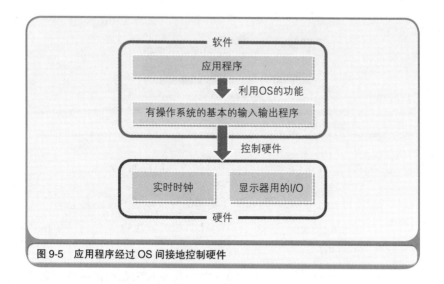

图 9-5　应用程序经过 OS 间接地控制硬件

9.3　系统调用和高级编程语言的移植性

　　操作系统的硬件控制功能，通常是通过一些小的函数集合体的形式来提供的。这些函数及调用函数的行为统称为**系统调用**（system call），也就是应用对操作系统（system）的功能进行调用（call）的意思。在前面的程序中用到了 time() 及 printf() 等函数，这些函数内部也都使用了系统调用。这里之所以用"内部"这个词，是因为在 Windows 操作系统中，提供返回当前日期和时刻，以及在显示器中显示字符串等功能的系统调用的函数名，并不是 time() 和 printf()。系统调用是在 time() 和 printf() 函数的内部执行的。大家可能会认为这个方法有些绕，不过这是有原因的。

　　C 语言等高级编程语言并不依存于特定的操作系统。这是因为人们希望不管是 Windows 还是 Linux，都能使用几乎相同的源代码。因此，高级编程语言的机制就是，使用独自的函数名，然后再在编译时将其转换成相应操作系统的系统调用（也有可能是多个系统调用的组合）。

也就是说，用高级编程语言编写的应用在编译后，就转换成了利用系统调用的本地代码（图9-6）。

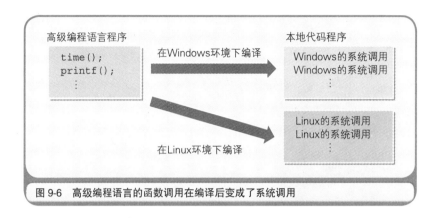

图9-6 高级编程语言的函数调用在编译后变成了系统调用

在高级编程语言中，也存在可以直接调用系统调用的编程语言。不过，利用这种方式做成的应用，移植性[①]并不友好（也俗称为有恶意行为的应用）。例如，直接调用 Windows 系统调用的应用，在 Linux 上显然是无法运行的。

9.4　操作系统和高级编程语言使硬件抽象化

通过使用操作系统提供的系统调用，程序员就没必要编写直接控制硬件的程序了。而且，通过使用高级编程语言，有时甚至也无需考虑系统调用的存在。这是因为操作系统和高级编程语言能够使硬件抽象化。这是个非常了不起的处理。

下面就让我们来看一下硬件抽象化的具体实例。代码清单9-2是用 C 语言编写的往文件中写入字符串的应用。fopen() 是用来打开文件的

---

① 移植性指的是同样的程序在不同操作系统下运行时需要花费的时间等，费时越少说明移植性越好。

函数，fputs() 是用来往文件中写入字符串的函数，fclose() 是用来关闭文件的函数[①]。

代码清单 9-2　往文件中写入字符串的应用

```
#include <stdio.h>

void main() {
    // 打开文件
    FILE *fp = fopen("MyFile.txt", "w");

    // 写入文件
    fputs(" 你好 ", fp);

    // 关闭文件
    fclose(fp);
}
```

该应用在编译运行后，MyFile.txt 文件中就会被写入"你好"字符串。文件是操作系统对磁盘媒介空间的抽象化。就如第 5 章中介绍的那样，作为硬件的磁盘媒介，就如同树木的年轮一样，被划分为了多个扇区，并以扇区为单位对磁盘进行读写。如果直接对硬件进行操作的话，那就变成了通过向磁盘用的 I/O 指定扇区位置来对数据进行读写了。

但是，在代码清单 9-2 的程序中，扇区根本没有出现过。传递给 fopen() 函数的参数，是文件名 "MyFile.txt" 和指定文件写入的 "w"。传递给 fputs() 的参数，是往文件中写入的字符串 " 你好 " 和 *fp*。传递给 fclose 的参数，也仅仅是 *fp*。也就是说，磁盘媒介的读写采用了文件这个概念，将整个流程抽象化成了打开文件用的 fopen()、写入文件用的 fputs()、关闭文件用的 fclose()（图 9-7）。

---

① fopen()、fputs()、fclose() 这些函数名分别是 file open、file put string、file close 的略称。string 是字符串的意思。

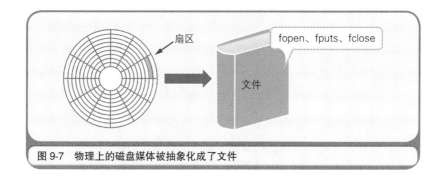

图 9-7　物理上的磁盘媒体被抽象化成了文件

下面让我们来看一下代码清单 9-2 中变量 *fp* 的功能。变量 *fp* 中被赋予的是 fopen() 函数的返回值。该值称为**文件指针**。应用打开文件后，操作系统就会自动申请分配用来管理文件读写的内存空间。这个内存空间的地址可以通过 fopen() 函数的返回值获得。用 fopen() 打开文件后，接下来就是通过指定文件指针来对文件进行操作。正因为如此，fputs() 及 fclose() 的参数中都指定了文件指针（变量 *fp*）。

至于用来管理文件读写的内存空间的内容实际在哪里，程序员则没必要关注。只要能意识到"用来操作磁盘媒介的某些信息在某个地方存储着"，就可以制作应用了。

9.5　Windows 操作系统的特征

考虑到大多数读者使用的都是 Windows 操作系统，这里我们就以 Windows 为例，来详细讲解操作系统的具体功能。Windows 操作系统的主要特征如下所示。

（1）32 位操作系统（也有 64 位版本）

（2）通过 API 函数集来提供系统调用

（3）提供采用了图形用户界面的用户界面

（4）通过 WYSIWYG[①] 实现打印输出

（5）提供多任务功能

（6）提供网络功能及数据库功能

（7）通过即插即用实现设备驱动的自动设定

这里只列出了对程序员有意义的一些特征。接下来将依次对 Windows 操作系统的特征，以及其对编程的影响进行说明。

（1）32 位操作系统

虽然现在的 Windows 也有 64 位版本，但一般广泛普及的还是 32 位版本。这里的 32 位表示的是处理效率最高的数据大小。Windows 处理数据的基本单位是 32 位。习惯在以前的 MS-DOS 等 16 位操作系统下编程的程序员，可能不太愿意使用 32 位的数据类型。因为他们认为处理 32 位的数据，要比处理 16 位的数据更花时间。确实，在 16 位操作系统中处理 32 位的数据时，因为要处理两次 16 位的数据，所以会多花一些时间。而如果是 32 位操作系统的话，那么只需要 1 次就可以完成 32 位的数据的处理了。所以说，凡是在 Windows 上运行的应用，都可以毫无顾虑地尽可能地使用 32 位的数据。

例如，用 C 语言来处理整数数据时，有 8 位的 char 类型、16 位的 short 类型，以及 32 位的 long 类型（还有 int 类型）三个选项。使用位数大的 long 类型的话，虽然内存及磁盘的开销较大，但应用的运行速度并不会下降。这在其他编程语言中也是同样的。

---

① WYSIWYG 是 What You See Is What You Get 的略写。意思是，显示器上显示的文本及图形等（What You See），是（Is）可以原样输出到打印机上打印（What You Get）的。

（2）通过 API 函数集来提供系统调用

Windows 是通过名为 API 的函数集来提供系统调用的。API 是联系应用程序和操作系统之间的接口。所以称为 API（Application Programming Interface，应用程序接口）。

当前主流的 32 位版 Windows API 也称为 Win32 API。之所以这样命名，是为了便于和以前的 16 位版的 Win16 API，以及更先进的 64 位版的 Win64 API 区分开来。Win32 API 中，各函数的参数及返回值的数据大小，基本上都是 32 位。

API 通过多个 DLL 文件来提供。各 API 的实体都是用 C 语言编写的函数。因而，C 语言程序的情况下，API 的使用更加容易。截至到现在，本书示例程序中用到的 API 中都有 MessageBox()。MessageBox() 被保存在 Windows 提供的 user32.dll 这个 DLL 文件中。

（3）提供采用了 GUI 的用户界面

GUI（Graphical User Interface，图形用户界面）指的是通过点击显示器中显示的窗口及图标等即可进行可视化操作的用户界面。对用户来说，GUI 是图形、鼠标，但对程序员来说，GUI 并不仅是这些。这是因为想要作成一个实现 GUI 的应用，并不是一件容易的事情。曾经有一首俳句是这样的："GUI，用的时候是天堂，做的时候是地狱"，大家可以想象它的难度了吧。

之所以这样困难，是因为在 GUI 中用户按照怎样的顺序操作是无法确定的。例如，图 9-8 是 Web 浏览器（Internet Explorer 7）的一个窗口。通过多个标签页的切换，就可以进行各种项目设定。从 Web 浏览器的用户角度来说，这样的窗口不仅使用方便，操作也简单，但对负责开发的程序员来说，却决不是简单的事情。

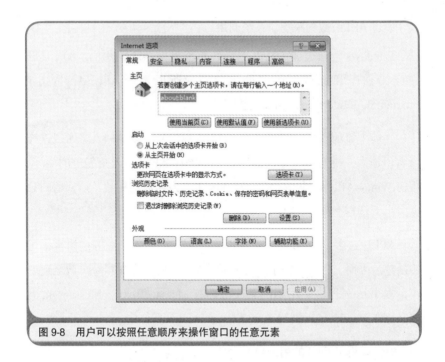

图 9-8　用户可以按照任意顺序来操作窗口的任意元素

在像 MS-DOS 这种没有使用 GUI 的操作系统中，应用的处理流程由程序员决定，用户按照定好的流程来进行操作即可。与此相反，采用 GUI 的操作系统中运行的应用，则是由用户决定处理流程的。因此，程序员就必须要制作出在任何操作顺序下都能运行的应用。这就要求以前的程序员要改变观念。这就是 GUI 的难点。如果程序员最初接触的操作系统就是 Windows 的话，那他或许会认为 GUI 是理所当然的。

（4）通过 WYSIWYG 实现打印输出

WYSIWYG 指的是显示器上显示的内容可以直接通过打印机打印输出。在 Windows 中，显示器和打印机是被作为同等的图形输出设备处理的，而该功能也就为 WYSIWYG 的实现提供了条件。

借助 WYSIWYG 功能，程序员可以轻松不少。最初，为了实现在

显示器中显示和在打印机中打印，就必须分别编写各自的程序。而在
Windows 中，借助 WYSIWYG 功能，基本上在同一个程序中就可以实
现显示和打印这两方面的操作了（当然，也可以将显示和打印的内容放
在不同的程序中处理）。

（5）提供多任务功能

多任务指的是同时运行多个程序的功能。Windows 是通过**时钟分
割**技术来实现多任务功能的。

时钟分割指的是在短时间间隔内，多个程序切换运行的方式。在
用户看来，就是多个程序在同时运行。也就是说，Windows 会自动切
换多个程序的运行（图 9-9）。此外，Windows 中还具有以程序中的函
数为单位来进行时钟分割的**多线程**[①]功能。

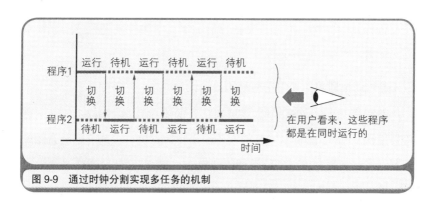

图 9-9 通过时钟分割实现多任务的机制

（6）提供网络功能及数据库功能

Windows 中，网络功能是作为标准功能提供的。数据库（数据库服
务器）功能有时也会在之后进行追加。网络功能和数据库功能，虽并不
是操作系统本身不可欠缺的功能，但因为它们和操作系统很接近，所

---

① 关于多线程，我们会在第 10 章进行说明。

以被统称为**中间件**而不是应用。意思是处于操作系统和应用的中间（middle）。操作系统和中间件合在一起，也称为**系统软件**。应用不仅可以利用操作系统，也可以利用中间件的功能（图 9-10）。

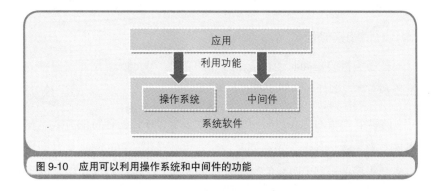

图 9-10　应用可以利用操作系统和中间件的功能

相对于操作系统一旦安装就不能轻易替换，中间件则可以根据需要进行任意的替换。不过，大多数情况下，中间件变更后应用往往也需要变更，因此中间件的变更也不是那么容易。

（7）通过即插即用实现设备驱动的自动设定

即插即用（Plug-and-Play）指的是新的设备连接（Plug）后立刻就可以使用（Play）的机制。新的设备连接到计算机后，系统就会自动安装和设定用来控制该设备的**设备驱动**程序。

设备驱动是操作系统的一部分，提供了同硬件进行基本的输入输出的功能。键盘、鼠标、显示器、磁盘装置等，这些计算机中必备的硬件的设备驱动，一般都是随操作系统一起安装的。如果之后再追加新的网卡（NIC[①]）等硬件的话，就需要向操作系统追加该硬件专用的设

---

① NIC（Network Interface Card）是计算机连接网络（LAN）时使用的设备。也称为网卡或者 LAN 卡。

备驱动。大家购买的新的硬件设备中，通常都会附带着软盘或 CD-ROM，里面通常都收录着该硬件的设备驱动。

　　有时 DLL 文件也会同设备驱动文件一起安装。这些 DLL 文件中存储着用来利用该新追加硬件的 API（函数集）。通过 API，可以制作出运用该新硬件的应用。

　　可以任意追加设备驱动和 API 的机制使 Windows 操作系统变得非常灵活。这里所说的灵活，是指可以事后再对新追加的硬件进行处理。

　　本章中，为了明确区分应用和操作系统，在解说的过程中，当遇到想用"这个程序……"来表达的地方时，我们特意使用了"这个应用……"。这是因为，程序是操作系统、中间件、应用等所有软件的统称。因此，通常程序员制作的应该都是应用，而不是操作系统。不过，既然是应用，那么就肯定会通过某种形式来利用操作系统的功能。程序员一定要注意到这一点。例如，如果应用没有正常运行的话，那么很有可能就不是硬件的问题，而是操作系统的使用方法出现了偏差。而中间件和设备驱动，大家也可以把它们看作是操作系统的一部分。

　　在本书的解说中，到目前为止，"本地代码"这个术语已经出现过很多次。假如能用本地代码直接编写程序的话，那么程序的运行机制想必也就一目了然了。不过，能够直接用本地代码编写程序的人，实际上并不多见。大家的普遍做法都是使用汇编语言来代替本地代码。在接下来的下一章，我们将通过用汇编语言编写程序，来看一下程序的实际运行机制。

如果是你，你会怎样介绍？

向超喜欢手机的女高中生讲解
操作系统的作用

笔者：你有手机吗？

女高中生：有啊。

笔者：什么机型啊？

女高中生：Docomo 的最新版。

笔者：是吗，真不错啊！那么，你都用手机做什么呢？

女高中生：当然是跟好朋友通电话了啊。有时候也会发邮件、查查音乐会信息等。

笔者：这样啊。不过，手机也是电话对吧。为什么这个电话能发邮件、查看音乐会信息呢？你知道原因吗？也就是说电话是如何连接互联网的呢？

女高中生：因为是电话，所以能连接互联网啊！

笔者：这么说也没错，但最近的手机并不是单纯的电话，更像是具有电话功能的计算机。因此，可以把手机看作是便携式计算机。

女高中生：感觉话题要转到大叔您擅长的领域了。

笔者：呵呵，这不是挺好的吗。计算机是运行程序的设备，这个你是知道的吧？

女高中生：知道啊。我用过计算机。

笔者：虽然手机不是手提电脑，但它里面也是有程序的。正是因为有了这些程序，手机才可以连网。显示文字和图片等都是通过程序来实现的。

女高中生：这个当然啊，这个话题真没意思。

笔者：（不妙……换个话题看看）对了，用过 iApp 吗？

女高中生：用过！用过！通过它就可以在手机中玩游戏了。

笔者：（有戏有戏，那就从这里进入主题吧）iApp 的 i 以及 iMode 的 i，都是 Internet 的 i，App 指的是 Application，就是应用。

女高中生：应用是什么啊？

170

笔者：问得好。我们总是笼统地说程序，其实程序可以根据功能的不同分为操作系统和应用。

女高中生：操作系统和应用？

笔者：iApp 中有各种游戏对吧。一个游戏程序是不是需要具备制定游戏规则的功能、使手机按键反应的功能、显示文字和图片的功能呢？

女高中生：？？？

笔者：游戏种类不同的话，当然游戏的规则也会不同，不过按键的响应功能及显示文字和图片的功能在任何游戏中都是相同的，没错吧？

女高中生：我怎么感觉不太一样呢……

笔者：对编写程序的来人说，是一样的！明明是同样的功能，可是如果每开发一个游戏都要生成一遍，就很浪费时间对吧。因此我们就可以把所有游戏共同的功能集合起来做成一个独立的程序，这个程序就称为操作系统。而像游戏的规则这种各游戏独有的程序，就是应用。

女高中生：程序就这样分成了两种类型了？

笔者：对，正是如此！手机中都会提前安装上操作系统。想要玩游

戏的时候，只用下载游戏程序也就是应用并安装到手机上就可以了。游戏结束后，应用就消失了。不过操作系统是不会消失的。

女高中生：额，有点明白，又有点不明白……

笔者：那么，以计算机为例再来说明一下。在计算机中，程序同样分为操作系统和应用。Windows 知道吧。Windows 就是操作系统。后面安装上的文字处理软件及游戏等就是应用。

女高中生：Windows 中也自带纸牌游戏啊。

笔者：那个是 Windows 的附件中自带的应用，并不是操作系统本身。

女高中生：嗯……

笔者：怎么样，都明白了吗？

女高中生：差不多吧。

第10章
通过汇编语言了解程序的实际构成

热身问答

阅读正文前，让我们先回答下面的问题来热热身吧。

问题

1. 本地代码的指令中，表示其功能的英语缩写称为什么？
2. 汇编语言的源代码转换成本地代码的方式称为什么？
3. 本地代码转换成汇编语言的源代码的方式称为什么？
4. 汇编语言的源文件的扩展名，通常是什么格式？
5. 汇编语言程序中的段定义指的是什么？
6. 汇编语言的跳转指令，是在何种情况下使用的？

怎么样？是不是发现有一些问题无法简单地解释清楚呢？下面是笔者的答案和解析，供大家参考。

答案 ··

1. 助记符
2. 汇编
3. 反汇编
4. .asm
5. 构成程序的命令和数据的集合组
6. 将程序流程跳转到其他地址时需要用到该指令

解析 ··

1. 汇编语言是通过利用助记符来记述程序的。
2. 使用汇编器这个工具来进行汇编。
3. 通过反汇编，得到人们可以理解的代码。
4. .asm 是 assembler（汇编器）的略写。
5. 在高级编程语言的源代码中，即使指令和数据在编写时是分散的，编译后也会在段定义中集合汇总起来。大家看过汇编语言的源代码后，就会清楚了。
6. 在汇编语言中，通过跳转指令，可以实现循环和条件分支。

本章
重点

　　笔者在学生时代曾写过比较 C 语言源代码和汇编语言源代码的报告。这个报告的研究方法是，把 C 语言的各种语法变换成汇编语言，然后对这些内容进行调查。通过研究，笔者对程序的运行机制有了深刻的了解。

　　希望各位读者看完本章内容也能有同样的收获。在本章的前半部分，我们会对 CPU 解释运行的本地代码和汇编语言的一对一关系、汇编语言的源代码中包含的用来指示汇编器的伪命令、栈的 push/pop 以及调用函数的机制进行说明。

　　在本章的后半部分,会向大家介绍一下局部变量和全局变量的不同、循环等流程控制的实现方式等。在研究对象方面，我们选取了 Pentium 等 x86 系列 CPU 用的汇编语言，编程工具则依然使用前面章节中用到的 Borland C++。本章的内容相比其他章节多了不少，请大家耐心地阅读下去。

10.1　汇编语言和本地代码是一一对应的

　　接下来就让我们进入到本章的前半部分。在前面章节中已经多次提到，计算机 CPU 能直接解释运行的只有本地代码（机器语言）程序。用 C 语言等编写的源代码，需要通过各自的编译器编译后，转换成本地代码。

　　通过调查本地代码的内容，可以了解程序最终是以何种形式来运行的。但是，如果直接打开本地代码来看的话，只能看到数值的罗列。如果直接使用这些数值来编写程序的话，还真是不太容易理解。因而就产生了这样一种想法，那就是在各本地代码中，附带上表示其功能

的英语单词缩写。例如，在加法运算的本地代码中加上 add（addition
的缩写）、在比较运算的本地代码中加上 cmp（compare 的缩写）等。这
些缩写称为**助记符**，使用助记符的编程语言称为**汇编语言**。这样，通
过查看汇编语言编写的源代码，就可以了解程序的本质了。因为这和
查看本地代码的源代码，是同一级别的。

不过，即使是用汇编语言编写的源代码，最终也必须要转换成本
地代码才能运行。负责转换工作的程序称为**汇编器**，转换这一处理本
身称为**汇编**。在将源代码转换成本地代码这个功能方面，汇编器和编
译器是同样的。

用汇编语言编写的源代码，和本地代码是一一对应的。因而，本
地代码也可以反过来转换成汇编语言的源代码。持有该功能的逆变换
程序称为**反汇编程序**，逆变换这一处理本身称为**反汇编**（图 10-1）。

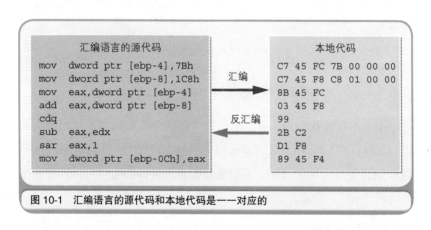

图 10-1　汇编语言的源代码和本地代码是一一对应的

哪怕是用 C 语言编写的源代码，编译后也会转换成特定 CPU 用的
本地代码。而将其反汇编的话，就可以得到汇编语言的源代码，并对
其内容进行调查。不过，本地代码变换成 C 语言源代码的反编译，则
要比反汇编困难。这是因为，C 语言的源代码同本地代码不是一一对应

的，因此完全还原到原始的源代码是不太可能的[①]。

10.2　通过编译器输出汇编语言的源代码

除了将本地代码进行反汇编这一方法外，通过其他方式也可以获取汇编语言的源代码。大部分 C 语言编译器，都可以把利用 C 语言编写的源代码转换成汇编语言的源代码，而不是本地代码。利用该功能，就可以对 C 语言的源代码和汇编语言的源代码进行比较研究。笔者在学生时代的报告中，使用的便是该功能。Borland C++ 中，通过在编译器的选项中指定 "-S"，就可以生成汇编语言的源代码了。大家也可以实际尝试一下。

用 Windows 的记事本等文本编辑器编写如代码清单 10-1 所示的 C 语言源代码，并将其命名为 Sample4.c 进行保存。C 语言源文件的扩展名，通常用 ".c" 来表示。该程序是由返回值为两个参数值之和的 AddNum 函数[②]和调用 AddNum 函数的 MyFunc 函数构成的。因为没有包含程序运行起始位置[③]的 main 函数部分,这种情况下直接编译是无法运行的。大家只需把它看成是学习汇编语言的一个示例即可。

代码清单 10-1　由两个函数构成的 C 语言的源代码

```
// 返回两个参数值之和的函数
int AddNum(int a, int b)
```

---

① 通过解析可执行文件得到源代码的方式称为"反汇编"或"反编译"，也称为"反向工程"。市场上销售的软件程序等，有时会在其使用说明书中明确表明禁止反汇编及反编译。

② AddNum 函数仅仅返回两个参数值的相加结果。在实际的编程中，这种函数是不需要的。为了说明函数调用的机制，这里特意使用了这种简单的函数。

③ 在命令提示符上运行的程序中，main 函数位于程序运行起始位置。而在 Windows 上运行的程序中，WinMain 函数位于程序运行起始位置。程序运行起始位置也称为"入口点"。

```
{
    return a + b;
}

// 调用 AddNum 函数的函数
void MyFunc()
{
    int c;
    c = AddNum(123, 456);
}
```

由 Windows 开始菜单启动命令提示符，把当前目录[①]变更到 Sample4.c 保存的文件夹后，输入下面的命令并按下 Enter 键。bcc32 是启动 Borland C++ 编译器的命令。"-c"选项指的是，仅进行编译而不进行链接[②]。"-S"选项被用来指定生成汇编语言的源代码。

```
bcc32 -c -S Sample4.c
```

作为编译的结果，当前目录下会生成一个名为 Sample4.asm 的汇编语言源代码。汇编语言源文件的扩展名，通常用".asm"来表示。下面就让我们使用记事本来看一下 Sample4.asm 的内容。可以发现，C 语言的源代码和转换成汇编语言的源代码是交叉显示的。而这也为我们对两者进行比较学习提供了绝好的教材。在该汇编语言代码中，分号（;）以后是注释。由于 C 语言的源代码变成了注释，因此就可以直接对 Sample4.asm 进行汇编并将其转换成本地代码了（代码清单 10-2）。

---

① 当前目录指的是当前正在打开的目录（文件夹）。在命令提示符下对 C 语言的源文件进行编译时，该文件所在的目录必须是当前目录，所以有时候就需要变换当前目录。变换当前目录时，只需在命令提示符中的"CD"后面空上一个半角空格，然后加上需要跳转的目录，再按下回车即可。例如，如果要将 \Test 指定为当前目录的话，只需输入 CD \Test 然后按下回车键即可。CD 是 Change Directory 的略称。

② 链接是指把多个目标文件结合成 1 个可执行文件。详情请参考第 8 章。

代码清单 10-2 编译器生成的汇编语言源代码（一部分做了省略，彩色部分是转换成注
       释的 C 语言源代码）

```
_TEXT   segment dword public use32 'CODE'
_TEXT   ends
_DATA   segment dword public use32 'DATA'
_DATA   ends
_BSS    segment dword public use32 'BSS'
_BSS    ends
DGROUP group   _BSS,_DATA

_TEXT   segment dword public use32 'CODE'

_AddNum        proc    near
   ;
   ;   int AddNum(int a, int b)
   ;
       push     ebp
       mov      ebp,esp
   ;
   ;   {
   ;       return a + b;
   ;
       mov      eax,dword ptr [ebp+8]
       add      eax,dword ptr [ebp+12]
   ;
   ;   }
   ;
       pop      ebp
       ret
_AddNum        endp

_MyFunc        proc    near
   ;
   ;   void MyFunc()
   ;
       push     ebp
       mov      ebp,esp
   ;
   ;   {
   ;       int c;
   ;       c = AddNum(123, 456);
   ;
       push     456
       push     123
       call     _AddNum
       add      esp,8
```

```
    ;
    ;    }
    ;
        pop         ebp
        ret
_MyFunc         endp

_TEXT  ends
        end
```

10.3　不会转换成本地代码的伪指令

第一次看到汇编语言源代码的读者可能会感到有些难，不过实际上很简单。而且毫不夸张地说它比 C 语言还要简单。为了便于阅读汇编语言编写的源代码，在开始源代码内容的讲解前，让我们先来看一下下面几个要点。

汇编语言的源代码，是由转换成本地代码的指令（后面讲述的操作码）和针对汇编器的**伪指令**构成的。伪指令负责把程序的构造及汇编的方法指示给汇编器（转换程序）。不过伪指令本身是无法汇编转换成本地代码的。这里我们把代码清单 10-2 中用到的伪指令部分摘出，如代码清单 10-3 所示。

代码清单 10-3　从代码清单 10-2 中摘出的伪指令部分（彩色部分是伪指令）

```
_TEXT  segment dword public use32 'CODE'
_TEXT  ends
_DATA  segment dword public use32 'DATA'
_DATA  ends
_BSS   segment dword public use32 'BSS'
_BSS   ends
DGROUP group   _BSS,_DATA

_TEXT  segment dword public use32 'CODE'

_AddNum         proc    near
_AddNum         endp
```

```
_MyFunc        proc      near
_MyFunc        endp

_TEXT  ends
       end
```

由伪指令 segment 和 ends 围起来的部分，是给构成程序的命令和数据的集合体加上一个名字而得到的，称为**段定义**[①]。段定义的英文表达 segment 具有"区域"的意思。在程序中，段定义指的是命令和数据等程序的集合体的意思。一个程序由多个段定义构成。

源代码的开始位置，定义了 3 个名称分别为 _TEXT、_DATA、_BSS 的段定义。_TEXT 是指令的段定义，_DATA 是被初始化（有初始值）的数据的段定义，_BSS 是尚未初始化的数据的段定义。类似于这种段定义的名称及划分方法是 Borland C++ 的规定，是由 Borland C++ 的编译器自动分配的。因而程序段定义的配置顺序就成了 _TEXT、_DATA、_BSS，这样也确保了内存的连续性。group[②] 这一伪指令，表示的是把 _BSS 和 _DATA 这两个段定义汇总为名为 DGROUP 的组。此外，栈和堆的内存空间会在程序运行时生成，这一点已经在第 8 章中做过介绍。

围起 _AddNum 和 _MyFunc 的 _TEXT segment 和 _TEXT ends，表示 _AddNum 和 _MyFunc 是属于 _TEXT 这一段定义的。因此，即使在源代码中指令和数据是混杂编写的，经过编译或者汇编后，也会转换成段定义划分整齐的本地代码。

_AddNum proc 和 _AddNum endp 围起来的部分，以及 _MyFunc

---

① 段定义（segment）是用来区分或者划定范围区域的意思。汇编语言的 segment 伪指令表示段定义的起始，ends 伪指令表示段定义的结束。段定义是一个连续的内存空间。

② group 指的是将源代码中不同的段定义在本地代码程序中整合为一个。

proc 和 MyFunc endp 围起来的部分，分别表示 AddNum 函数和 MyFunc 函数的范围。编译后在函数名前附带上下划线（_），是 Borland C++ 的规定。在 C 语言中编写的 AddNum 函数，在内部是以 _AddNum 这个名称被处理的。伪指令 proc 和 endp 围起来的部分，表示的是**过程**（procedure）的范围。在汇编语言中，这种相当于 C 语言的函数的形式称为过程。

末尾的 end 伪指令，表示的是源代码的结束。而至于其他伪指令的具体意思，大家不了解也没有关系。因为该章的主要目的并不是用汇编语言来编写程序。大家只需要能读懂汇编语言的源代码就足够了。

10.4　汇编语言的语法是"操作码 + 操作数"

在汇编语言中，1 行表示对 CPU 的一个指令。汇编语言指令的语法结构是**操作码 + 操作数**[①]（也存在只有操作码没有操作数的指令）。

操作码表示的是指令动作，操作数表示的是指令对象。操作码和操作数罗列在一起的语法，就是一个英文的指令文本。操作码是动词，操作数相当于宾语。例如，用汇编语言来分析"Give me money"这个英文指令的话，Give 就是操作码，me 和 money 就是操作数。汇编语言中存在多个操作数的情况下，要用逗号把它们分割开来，就像 Give me, money 这样。

能够使用何种形式的操作码，是由 CPU 的种类决定的。表 10-1 对代码清单 10-2 中用到的操作码的功能进行了整理，大家可以看一下。这些都是 32 位 x86 系列 CPU 用的操作码。操作数中指定了寄存器名、

---

① 在汇编语言中，类似于 mov 这样的指令称为"操作码"（opcode），作为指令对象的内存地址及寄存器称为"操作数"（operand）。被转换成 CPU 可以直接解析运行的二进制的操作码和操作数，就是本地代码。

内存地址、常数等。在表 10-1 中，操作数是用 A 和 B 来表示的。

表 10-1 代码清单 10-2 中用到的操作码的功能

操作码	操作数	功 能
mov	A，B	把 B 的值赋给 A
add	A，B	把 A 同 B 的值相加，并将结果赋给 A
push	A	把 A 的值存储在栈中
pop	A	从栈中读取出值，并将其赋给 A
call	A	调用函数 A
ret	无	将处理返回到函数的调用源

本地代码加载到内存后才能运行。内存中存储着构成本地代码的指令和数据。程序运行时，CPU 会从内存中把指令和数据读出，然后再将其存储在 CPU 内部的寄存器中进行处理（图 10-2）。

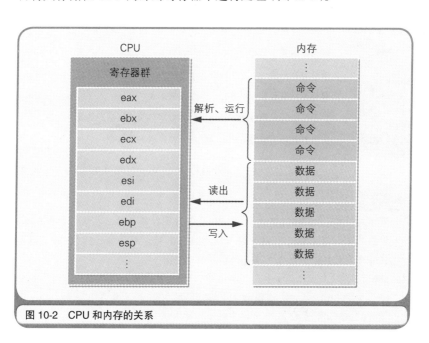

图 10-2 CPU 和内存的关系

寄存器是 CPU 中的存储区域。不过，寄存器并不仅仅具有存储指令和数据的功能，也有运算功能。x86 系列 CPU 的寄存器的主要种类和角色如表 10-2 所示。寄存器的名称会通过汇编语言的源代码指定给操作数。内存中的存储区域是用地址编号来区分的。CPU 内的寄存器是用 eax 及 ebx 这些名称来区分的。此外，CPU 内部也有程序员无法直接操作的寄存器。例如，表示运算结果正负及溢出状态的标志寄存器及操作系统专用的寄存器等，都无法通过程序员编写的程序直接进行操作。

表 10-2　x86 系列 CPU 的主要寄存器[①]

寄存器名[②]	名　称	主要功能
eax	累加寄存器	运算
ebx	基址寄存器	存储内存地址
ecx	计数寄存器	计算循环次数
edx	数据计数器	存储数据
esi	源基址寄存器	存储数据发送源的内存地址
edi	目标基址寄存器	存储数据发送目标的内存地址
ebp	扩展基址指针寄存器	存储数据存储领域基点的内存地址
esp	扩展栈指针寄存器	存储栈中最高位数据的内存地址

[①] 表 10-2 中表示的寄存器名称是 x86 自带的寄存器名称。在第 1 章中表 1-1 列出的寄存器名称是一般叫法。两者有些不同，例如，x86 的扩展基址指针寄存器就相当于第 1 章中介绍的基址寄存器。

[②] x86 系列 32 位 CPU 的寄存器名称中，开头都带了一个字母 e，例如 eax、ebx、ecx、edx 等。这是因为 16 位 CPU 的寄存器名称是 ax、bx、cx、dx 等。32 位 CPU 寄存器的名称中的 e，有扩展（extended）的意思。我们也可以仅利用 32 位寄存器的低 16 位，此时只需把要指定的寄存器名开头的字母 e 去掉即可。

⬤ 10.5 最常用的 mov 指令

指令中最常使用的是对寄存器和内存进行数据存储的 mov 指令。mov 指令的两个操作数，分别用来指定数据的存储地和读出源。操作数中可以指定寄存器、常数、标签（附加在地址前），以及用方括号（[]）围起来的这些内容。如果指定了没有用方括号围起来的内容，就表示对该值进行处理；如果指定了用方括号围起来的内容，方括号中的值则会被解释为内存地址，然后就会对该内存地址对应的值进行读写操作。接下来就让我们来看一下代码清单 10-2 中用到的 mov 指令部分。

```
mov ebp,esp
mov eax,dword ptr [ebp+8]
```

mov ebp,esp 中，esp 寄存器中的值被直接存储在了 ebp 寄存器中。esp 寄存器的值是 100 时 ebp 寄存器的值也是 100。而在 mov eax,dword ptr [ebp+8] 的情况下，ebp 寄存器的值加 8 后得到的值会被解释为内存地址。如果 ebp 寄存器的值是 100 的话，那么 eax 寄存器中存储的就是 100 + 8 = 108 地址的数据。dword ptr（double word pointer）表示的是从指定内存地址读出 4 字节的数据。像这样，有时也会在汇编语言的操作数前附带 dword ptr 这样的修饰语。

⬤ 10.6 对栈进行 push 和 pop

程序运行时，会在内存上申请分配一个称为栈的数据空间。栈（stack）有"干草堆积如山"的意思。就如该名称所表示的那样，数据在存储时是从内存的下层（大的地址编号）逐渐往上层（小的地址编号）累积，读出时则是按照从上往下的顺利进行（图 10-3）的。

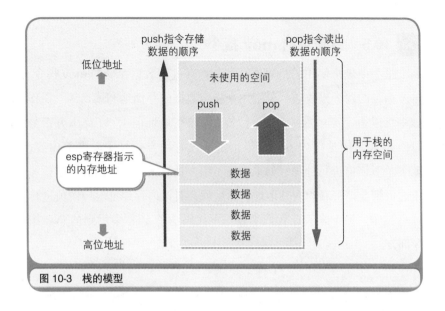

图 10-3　栈的模型

　　栈是存储临时数据的区域，它的特点是通过 push 指令和 pop 指令进行数据的存储和读出。往栈中存储数据称为"入栈"，从栈中读出数据称为"出栈"。32 位 x86 系列的 CPU 中，进行 1 次 push 或 pop，即可处理 32 位（4 字节）的数据。

　　push 指令和 pop 指令中只有一个操作数。该操作数表示的是"push 的是什么及 pop 的是什么"，而不需要指定"对哪一个地址编号的内存进行 push 或 pop"。这是因为，对栈进行读写的内存地址是由 esp 寄存器（栈指针）进行管理的。push 指令和 pop 指令运行后，esp 寄存器的值会自动进行更新（push 指令是 -4，pop 命令是 +4），因而程序员就没有必要指定内存地址了。

　　代码清单 10-2 中多次用到了 push 指令和 pop 指令。push 指令运行后，操作数中指定的值就会被自动 push 入栈，pop 指令运行后，最后存储在栈中的值就会被 pop 到指定的操作数中出栈。就如第 4 章中所介绍的那样，这种数据的存储顺序称为 LIFO（Last In First Out）方式。

10.7 函数调用机制

前面说了这么多，至此我们终于把阅读汇编语言源代码的准备工作完成了。让我们再来回顾一下代码清单 10-2 的内容。首先，让我们从 MyFunc 函数调用 AddNum 函数的汇编语言部分开始，来对函数的调用机制进行说明。函数调用是栈发挥大作用的场合。把代码清单 10-2 中的 C 语言源代码部分去除，然后再在各行追加注释，这时汇编语言的源代码就如代码清单 10-4 所示。这也就是 MyFunc 函数的处理内容。

代码清单 10-4　函数调用的汇编语言代码[①]

```
_MyFunc    proc    near
  push     ebp        ; 将 ebp 寄存器的值入栈中 ──────────(1)
  mov      ebp,esp    ; 将 esp 寄存器的值存入 ebp 寄存器 ──(2)
  push     456        ; 456 入栈 ────────────────(3)
  push     123        ; 123 入栈 ────────────────(4)
  call     _AddNum    ; 调用 AddNum 函数 ──────────(5)
  add      esp,8      ; esp 寄存器的值加 8 ──────────(6)
  pop      ebp        ; 读出栈中的数值存入 ebp 寄存器 ──(7)
  ret                 ; 结束 MyFunc 函数，返回到调用源 ──(8)
_MyFunc    endp
```

（1）、（2）、（7）、（8）的处理适用于 C 语言中所有的函数，我们会在后面展示 AddNum 函数处理内容时进行说明。这里希望大家先关注一下（3）～（6）部分，这对了解函数调用的机制至关重要。

（3）和（4）表示的是将传递给 AddNum 函数的参数通过 push 入栈。在 C 语言的源代码中，虽然记述为函数 AddNum（123，456），但

---

① 在函数的入口处把寄存器 ebp 的值入栈保存（代码清单 10-4（1）），在函数的出口处出栈（代码清单 10-4（7）），这是 C 语言编译器的规定。这样做是为了确保函数调用前后 ebp 寄存器的值不发生变化。

入栈时则会按照456、123这样的顺序，也就是位于后面的数值先入栈。这是C语言的规定。（5）的call指令，把程序流程跳转到了操作数中指定的AddNum函数所在的内存地址处。在汇编语言中，函数名表示的是函数所在的内存地址。AddNum函数处理完毕后，程序流程必须要返回到编号（6）这一行。call指令运行后，call指令的下一行（（6）这一行）的内存地址（调用函数完毕后要返回的内存地址）会自动地push入栈。该值会在AddNum函数处理的最后通过ret指令pop出栈，然后程序流程就会返回到（6）这一行。

（6）部分会把栈中存储的两个参数（456和123）进行销毁处理，也就在第5章提到的栈清理处理。虽然通过使用两次pop指令也可以实现，不过采用esp寄存器加8的方式会更有效率（处理1次即可）。对栈进行数值的输入输出时，数值的单位是4字节。因此，通过在负责栈地址管理的esp寄存器中加上4的2倍8，就可以达到和运行两次pop命令同样的效果。虽然内存中的数据实际上还残留着，但只要把esp寄存器的值更新为数据存储地址前面的数据位置，该数据也就相当于被销毁了。

前面已经提到，push指令和pop指令必须以4字节为单位对数据进行入栈和出栈处理。因此，AddNum函数调用前和调用后栈的状态变化就如图10-4所示。长度小与4字节的123和456这些值在存储时，也占用了4字节的栈区域。

代码清单10-1中列出的C语言源代码中，有一个处理是在变量 c 中存储AddNum函数的返回值，不过在汇编语言的源代码中，并没有与此对应的处理。这是因为编译器有最优化功能。**最优化功能**是编译器在本地代码上费尽功夫实现的，其目的是让编译后的程序运行速度更快、文件更小。在代码清单10-1中，由于存储着AddNum函数返回值的变量 c 在后面没有被用到，因此编译器就会认为"该处理没有意

义"，进而也就没有生成与之对应的汇编语言代码。在编译代码清单
10-1 的代码时，应该会出现"警告 W8004 Sample4.c 11: 'c' 的赋值未被
使用（函数 MyFunc）"这样的警告消息。

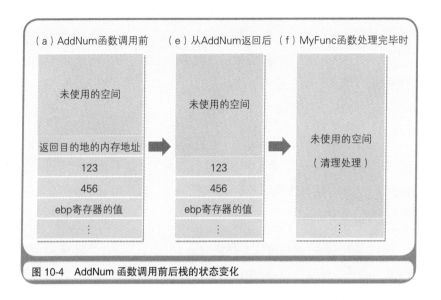

图 10-4　AddNum 函数调用前后栈的状态变化

10.8　函数内部的处理

接下来，让我们透过执行 AddNum 函数的源代码部分，来看一下
参数的接收、返回值的返回等机制（代码清单 10-5）。

代码清单 10-5　函数内部的处理

```
_AddNum      proc      near
   push      ebp                              (1)
   mov       ebp,esp                          (2)
   mov       eax,dword ptr [ebp+8]            (3)
   add       eax,dword ptr [ebp+12]           (4)
   pop       ebp                              (5)
   ret                                        (6)
_AddNum      endp
```

　　ebp 寄存器的值在（1）中入栈，在（5）中出栈。这主要是为了把函数中用到的 ebp 寄存器的内容，恢复到函数调用前的状态。在进入函数处理之前，无法确定 ebp 寄存器用到了什么地方，但由于函数内部也会用到 ebp 寄存器，所以就暂时将该值保存了起来。CPU 拥有的寄存器是有数量限制的。在函数调用前，调用源有可能已经在使用 ebp 寄存器了。因而，在函数内部利用的寄存器，要尽量返回到函数调用前的状态。为此，我们就需要将其暂时保存在栈中，然后再在函数处理完毕之前出栈，使其返回到原来的状态。

　　（2）中把负责管理栈地址的 esp 寄存器的值赋值到了 ebp 寄存器中。这是因为，在 mov 指令中方括号内的参数，是不允许指定 esp 寄存器的。因此，这里就采用了不直接通过 esp，而是用 ebp 寄存器来读写栈内容的方法。

　　（3）是用 [ebp+8] 指定栈中存储的第 1 个参数 123，并将其读出到 eax 寄存器中。像这样，不使用 pop 指令，也可以查看栈的内容。而之所以从多个寄存器中选择了 eax 寄存器，是因为 eax 寄存器是负责运算的累加寄存器。

　　通过（4）的 add 指令，把当前 eax 寄存器的值同第 2 个参数相加后的结果存储在 eax 寄存器中。[ebp+12] 是用来指定第 2 个参数 456 的。在 C 语言中，函数的返回值必须通过 eax 寄存器返回，这也是规定。不过，和 ebp 寄存器不同的是，eax 寄存器的值不用还原到原始状态。至此，我们进行了很多细节的说明，其实就是希望大家了解**函数的参数是通过栈来传递，返回值是通过寄存器来返回的**这一点。

　　（6）中 ret 指令运行后，函数返回目的地的内存地址会自动出栈，据此，程序流程就会跳转返回到代码清单 10-4 的（6）（Call _AddNum 的下一行）。这时，AddNum 函数入口和出口处栈的状态变化，就如图

10-5 所示。将图 10-4 和图 10-5 按照（a）（b）（c）（d）（e）（f）的顺序来看的话，函数调用处理时栈的状态变化就会很清楚了。由于（a）状态时处理跳转到 AddNum 函数，因此（a）和（b）是同样的。同理，在（d）状态时，处理跳转到了调用源，因此（d）和（e）是同样的。在（f）状态时则进行了清理处理。栈的最高位的数据地址，是一直存储在 esp 寄存器中的。

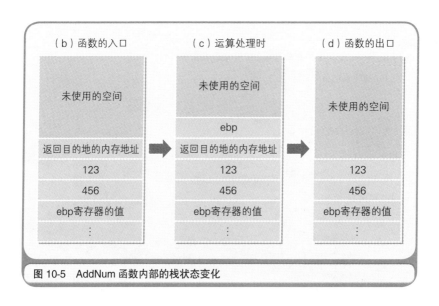

图 10-5　AddNum 函数内部的栈状态变化

10.9　始终确保全局变量用的内存空间

熟悉了汇编语言后，接下来将进入到本章的后半部分。C 语言中，在函数外部定义的变量称为**全局变量**，在函数内部定义的变量称为**局部变量**。全局变量可以在源代码的任意部分被引用，而局部变量只能在定义该变量的函数内进行引用。例如，在 MyFuncA 函数内部定义的 i 这个局部变量就无法通过 MyFuncB 函数进行引用。与此相反，如果是在函数外部定义的全局变量，MyFuncA 函数和 MyFuncB 函数都可以引用。下面，就让我们通过汇编语言的源代码，来看一下全局变量和局部变量的不同。

代码清单 10-6 的 C 语言源代码中定义了初始化（设定了初始值）的 $a1\sim a5$ 这 5 个全局变量，以及没有初始化（没有设定初始值）的 $b1\sim b5$ 这 5 个全局变量，此外还定义了 $c1\sim c10$ 这 10 个局部变量，且分别给各变量赋了值。程序的内容没有什么特别的意思，这里主要是为了向大家演示。

代码清单 10-6　使用全局变量和局部变量的 C 语言源代码

```
// 定义被初始化的全局变量
int a1 = 1;
int a2 = 2;
int a3 = 3;
int a4 = 4;
int a5 = 5;
// 定义没有初始化的全局变量
int b1, b2, b3, b4, b5;

// 定义函数
void MyFunc()
{
    // 定义局部变量
    int c1, c2, c3, c4, c5, c6, c7, c8, c9, c10;

    // 给局部变量赋值
    c1 = 1;
    c2 = 2;
    c3 = 3;
    c4 = 4;
    c5 = 5;
    c6 = 6;
    c7 = 7;
    c8 = 8;
    c9 = 9;
    c10 = 10;

    // 把局部变量的值赋给全局变量
    a1 = c1;
    a2 = c2;
    a3 = c3;
```

```
        a4 = c4;
        a5 = c5;
        b1 = c6;
        b2 = c7;
        b3 = c8;
        b4 = c9;
        b5 = c10;
}
```

　　将代码清单 10-6 变换成汇编语言的源代码后，结果就如代码清单
10-7 所示。这里为了方便说明，我们省略了一部分汇编语言源代码，
并改变了一下段定义的配置顺序，删除了注释。关于代码清单 10-7 中
出现的汇编语言的指令，请参考表 10-3。

代码清单 10-7　代码清单 10-6 转换成汇编语言后的结果

```
_DATA  segment dword public use32 'DATA'─────────────────────┐
 _a1    label   dword ──────────────────────────────────(4) │
        dd      1 ──────────────────────────────────────(5) │
 _a2    label   dword                                        │
        dd      2                                            │
 _a3    label   dword                                        │
        dd      3                                        (1) │
 _a4    label   dword                                        │
        dd      4                                            │
 _a5    label   dword                                        │
        dd      5                                            │
_DATA  ends ─────────────────────────────────────────────────┘

_BSS   segment dword public use32 'BSS' ─────────────────────┐
 _b1    label   dword                                        │
        db      4 dup(?)──────────────────────────────(6)    │
 _b2    label   dword                                        │
        db      4 dup(?)                                      │
 _b3    label   dword                                    (2) │
        db      4 dup(?)                                      │
 _b4    label   dword                                        │
        db      4 dup(?)                                      │
 _b5    label   dword                                        │
        db      4 dup(?)                                      │
_BSS   ends ─────────────────────────────────────────────────┘
```

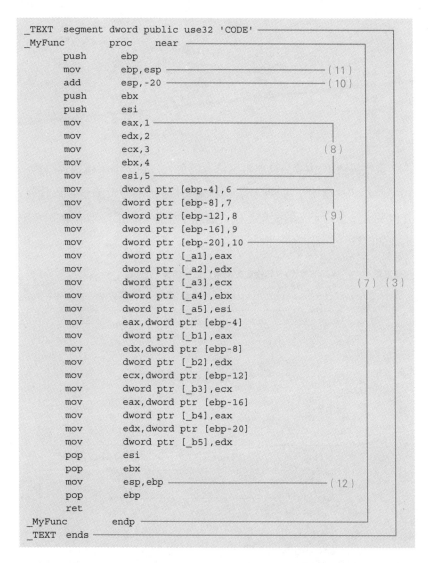

```
_TEXT  segment dword public use32 'CODE'
_MyFunc          proc    near
       push     ebp
       mov      ebp,esp                              (11)
       add      esp,-20                              (10)
       push     ebx
       push     esi
       mov      eax,1
       mov      edx,2
       mov      ecx,3                         (8)
       mov      ebx,4
       mov      esi,5
       mov      dword ptr [ebp-4],6
       mov      dword ptr [ebp-8],7
       mov      dword ptr [ebp-12],8          (9)
       mov      dword ptr [ebp-16],9
       mov      dword ptr [ebp-20],10
       mov      dword ptr [_a1],eax
       mov      dword ptr [_a2],edx
       mov      dword ptr [_a3],ecx           (7) (3)
       mov      dword ptr [_a4],ebx
       mov      dword ptr [_a5],esi
       mov      eax,dword ptr [ebp-4]
       mov      dword ptr [_b1],eax
       mov      edx,dword ptr [ebp-8]
       mov      dword ptr [_b2],edx
       mov      ecx,dword ptr [ebp-12]
       mov      dword ptr [_b3],ecx
       mov      eax,dword ptr [ebp-16]
       mov      dword ptr [_b4],eax
       mov      edx,dword ptr [ebp-20]
       mov      dword ptr [_b5],edx
       pop      esi
       pop      ebx
       mov      esp,ebp                              (12)
       pop      ebp
       ret
_MyFunc          endp
_TEXT  ends
```

表 10-3　代码清单 10-7、10-9、10-12、10-14 中用到的汇编语言指令的功能

操作码	操作数	功　能
add	A,B	把 A 的值和 B 的值相加，并把结果存入 A
call	A	调用函数 A

（续）

操作码	操作数	功　能
cmp	A,B	对 A 和 B 的值进行比较，比较结果会自动存入标志寄存器中
inc	A	A 的值加 1
jge	标签名	和 cmp 命令组合使用。跳转到标签行
jl	标签名	和 cmp 命令组合使用。跳转到标签行
jle	标签名	和 cmp 命令组合使用。跳转到标签行
jmp	标签名	将控制无条件跳转到指定标签行
mov	A,B	把 B 的值赋值给 A
pop	A	从栈中读取出数值并存入 A 中
push	A	把 A 的值存入栈中
ret	无	将处理返回到调用源
xor	A,B	A 和 B 的位进行异或比较，并将结果存入 A 中

　　正如本章前半部分所讲的那样，编译后的程序，会被归类到名为段定义的组。初始化的全局变量，会像代码清单 10-7 的（1）那样被汇总到名为 _DATA 的段定义中，没有初始化的全局变量，会像（2）那样被汇总到名为 _BSS 的段定义中。指令则会像（3）那样被汇总到名为 _TEXT 的段定义中。这些段定义的名称是由 Borland C++ 的使用规范来决定的。_DATA segment 和 _DATA ends、_BSS segment 和 _BSS ends、_TEXT segment 和 _TEXT ends，这些都是表示各段定义范围的伪指令。

　　首先让我们来看一下 _DATA 段定义的内容。（4）中的 _a1 label dword 定义了 _a1 这个标签。**标签**表示的是相对于段定义起始位置的位置。由于 _a1 在 _DATA 段定义的开头位置，所以相对位置是 0。_a1 就相当于全局变量 a1。编译后的函数名和变量名前会附加一个下划线（_），这也是 Borland C++ 的规定。（5）中的 dd 1 指的是，申请分配了 4 字节的内存空间，存储着 1 这个初始值。dd（define double word）表示的是定义个双字（double word），而每个字的长度是 2 个字节，也就是说申请了一个 4 字节的内存空间。Borland C++ 中，由于 int 类型的长度是 4 字节，因此汇编器就把 int a1 = 1; 变换成了 _a1 label dword 和 dd 1。同样，这里也定义了相当于全局变量 *a2*～*a5* 的标签 _a2～ _a5，它们各自的初始值 2～5 也都被存储在了 4 字节的领域中。

接下来，让我们来看一下 _BSS 段定义的内容。这里定义了相当于全局变量 b1～b5 的标签 _b1～ _b5。（6）的 db 4 dup(?) 表示的是申请分配了 4 字节的领域，但值尚未确定（这里用 ? 来表示）的意思。db（define byte）表示有 1 个长度是 1 字节的内存空间。因而，db 4 dup(?) 的情况下，就是 4 字节的内存空间。这里大家要注意不要和 dd 4 混淆了。db 4 dup(?) 表示的是 4 个长度是 1 字节的内存空间。而 dd 4 表示的则是双字（4 byte）的内存空间中存储的值是 4。

在 _DATA 和 _BSS 的段定义中，全局变量的内存空间都得到了确保，这一点大家想必都清楚了吧。因而，从程序的开始到结束，所有部分都可以引用全局变量。而这里之所以根据是否进行了初始化把全局变量的段定义划分为了两部分，是因为在 Borland C++ 中，程序运行时没有初始化的全局变量的领域（ _BSS 段定义）都会被设定为 0 进行初始化。可见，通过汇总，初始化很容易实现，只要把内存的特定范围全部设定为 0 就可以了。

10.10　临时确保局部变量用的内存空间

为什么局部变量只能在定义该变量的函数内进行引用呢？这是因为，局部变量是临时保存在寄存器和栈中的。正如本章前半部分讲的那样，函数内部利用的栈，在函数处理完毕后会恢复到初始状态，因此局部变量的值也就被销毁了，而寄存器也可能会被用于其他目的。因此，局部变量只是在函数处理运行期间临时存储在寄存器和栈上。

在代码清单 10-6 中定义了 10 个局部变量。这是为了表示存储局部变量的不仅仅是栈，还有寄存器。为确保 c_1~c_{10} 所需的领域，寄存器空闲时就使用寄存器，寄存器空间不足的话就使用栈。

下面让我们来看一下代码清单 10-7 中 _TEXT 段定义的内容。（7）表示的是 MyFunc 函数的范围。在 MyFunc 函数中定义的局部变量所需要的内存领域，会被尽可能地分配在寄存器中。大家可能会认为用高性能的寄存器来代替普通的内存是很奢侈的事情，不过编译器不会这么认为，只要寄存器有空间，编译器就会使用它。因为与内存相比，使用寄存器时访问速度会高很多，这样就可以更快速地进行处理。局部变量利用寄存器，是 Borland C++ 编译器最优化的运行结果。旧的编译器没有类似的最优化功能，局部变量就可能会仅仅使用栈。

代码清单中的（8）表示的是往寄存器中分配局部变量的部分。仅仅对局部变量进行定义是不够的，只有在给局部变量赋值时，才会被分配到寄存器的内存区域。（8）就相当于给 5 个局部变量 c_1~c_5 分别赋予数值 1~5 这一处理。eax、edx、ecx、ebx、esi 是 Pentium 等 x86 系列 32 位 CPU 寄存器的名称（参考表 10-2）。至于使用哪一个寄存器，则要由编译器来决定。这种情况下，寄存器只是被单纯地用于存储变量的值，和其本身的角色没有任何关系。

x86 系列 CPU 拥有的寄存器中，程序可以操作的有十几个。其中空闲的，最多也只有几个。因而，局部变量数目很多的时候，可分配的寄存器就不够了。这种情况下，局部变量就会申请分配栈的内存空间。虽然栈的内存空间也是作为一种存储数据的段定义来处理的，但在程序各部分都可以共享并临时使用这一点上，它和 _DATA 段定义及 _BSS 段定义在性质上还是有些差异的。例如，在函数入口处为变量申请分配栈的内存空间的话，就必须在函数出口处进行释放。否则，经过多次调用函数后，栈的内存空间就会被用光了。

在（8）这一部分中，给局部变量 $c1$～$c5$ 分配完寄存器后，可用的寄存器数量就不足了。于是，剩下的 5 个局部变量 $c6$～$c10$ 就被分配了栈的内存空间，如（9）所示。函数入口（10）处的 add esp,-20 指的是，对栈数据存储位置的 esp 寄存器（栈指针）的值做减 20 的处理。为了确保内部变量 $c6$～$c10$ 在栈中，就需要保留 5 个 int 类型的局部变量（4 字节 ×5 = 20 字节）所需的空间。（11）中的 mov ebp,esp 这一处理，指的是把当前 esp 寄存器的值复制到 ebp 寄存器中。之所以需要（11）这一处理，是为了通过在函数出口处的（12）这一 move esp,ebp 的处理，把 esp 寄存器的值还原到原始状态，从而对申请分配的栈空间进行释放，这时栈中用到的局部变量就消失了。这也是栈的清理处理。在使用寄存器的情况下，局部变量则会在寄存器被用于其他用途时自动消失（图 10-6）。

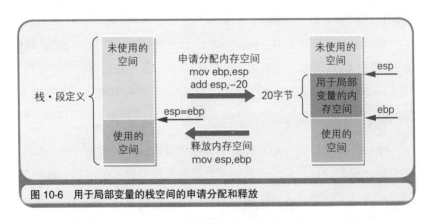

图 10-6 用于局部变量的栈空间的申请分配和释放

（9）中的 5 行代码是往栈空间中代入数值的部分。由于在向栈申请内存空间前，借助 mov ebp,esp 这个处理，esp 寄存器的值被保存到了 ebp 寄存器中，因此，通过使用 [ebp - 4]、[ebp - 8]、[ebp - 12]、 [ebp - 16]、[ebp - 20] 这样的形式，就可以将申请分配的 20 字节的栈内存空间切分成 5 个长度分别是 4 字节的空间来使用（图 10-7）。例如，（9）中的 mov dword ptr [ebp - 4], 6 表示的就是，从申请分配的内存空间的下端（ebp 寄存器指示的位置）开始往前 4 字节的地址（[ebp - 4]）中，存储着 6 这一 4 字节的数据。

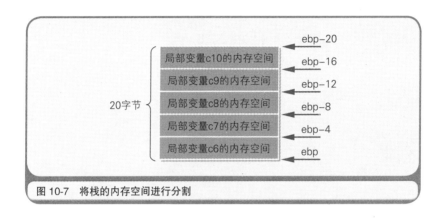

图 10-7　将栈的内存空间进行分割

　　关于往全局变量中代入局部变量的数值这一内容，这里不再进行说明。这时可能有读者会产生疑问，既然不进行说明，那为什么代码清单 10-6 中没有省略掉该部分呢？这是为了避免编译器的最优化功能。如果仅进行定义局部变量并代入数值这一处理的话，编译器的最优化功能就会启动，届时编译器就会认为某些代码没有意义，从而导致汇编语言的源代码无法生成。这样看来，编译器还是很聪明的吧！

10.11　循环处理的实现方法

　　接下来，让我们继续解析汇编语言的源代码，看一下 for 循环及 if 条件分支等 C 语言程序的**流程控制**是如何实现的[①]。代码清单 10-8 是将

---

① 通过利用 for 语句及 if 语句来改变程序流程的机制称为"流程控制"。

局部变量 i 作为循环计数器[①]连续进行 10 次循环的 C 语言源代码。在 for 语句中，调用了不做任何处理的 MySub 函数。这里我们把代码清单 10-8 转换成汇编语言，然后仅把相当于 for 处理的部分摘出来，如代码清单 10-9 所示。

代码清单 10-8　执行循环处理的 C 语言源代码

```
// 定义 MySub 函数
void MySub()
{
    // 不做任何处理
}

// 定义 MyFunc 函数
Void MyFunc()
{
    int i;
    for ( i = 0; i < 10; i++ )
    {
        // 重复调用 MySub 函数 10 次
        MySub();
    }
}
```

代码清单 10-9　将代码清单 10-8 中的 for 语句转换成汇编语言的结果

```
      xor     ebx, ebx       ; 将 ebx 寄存器清 0
@4    call    _MySub         ; // 调用 MySub 函数
      inc     ebx            ; //ebx 寄存器的值加 1
      cmp     ebx,10         ; // 将 ebx 寄存器的值和 10 进行比较
      jl      short @4       ; // 如果小于 10 就跳转到 @4
```

　　C 语言的 for 语句是通过在括号中指定循环计数器的初始值（ $i = 0$ ）、循环的继续条件（ $i < 10$ ）、循环计数器的更新（ $i++$ ）这 3 种形式来进行循环处理的。与此相对，在汇编语言的源代码中，循环是通过比较指令（cmp）和跳转指令（jl）来实现的。

---

① 用来计算循环次数的变量称为"循环计数器"。

下面就让我们按照代码清单 10-9 的内容的顺序来进行说明。MyFunc 函数中用到的局部变量只有 i, 变量 i 申请分配了 ebx 寄存器的内存空间。for 语句的括号中的 $i=0$; 被转换成了 xor ebx,ebx 这一处理。xor 指令会对左侧的第一个操作数和右侧的第二个操作数进行 XOR 运算, 然后把结果存储在第一个操作数中。由于这里把第一个操作数和第二个操作数都指定为了 ebx, 因此就变成了对相同数值进行 XOR 运算。也就是说, 不管当前 ebx 寄存器的值是什么, 结果肯定都是 0[1]。虽然用 mov 指令的 mov ebx,0 也会得到同样的结果, 但与 mov 指令相比, xor 指令的处理速度更快。这里, 编译器的最优化功能也会启动。

ebx 寄存器的值初始化后, 会通过 call 指令调用 MySub 函数（_MySub）。从 MySub 函数返回后, 则会通过 inc 指令对 ebx 寄存器的值做加 1 处理。该处理就相当于 for 语句的 i++, ++ 是当前数值加 1 的意思。

下一行的 cmp 指令是用来对第一个操作数和第二个操作数的数值进行比较的指令。cmp ebx,10 就相当于 C 语言的 $i<10$ 这一处理, 意思是把 ebx 寄存器的数值同 10 进行比较。汇编语言中比较指令的结果, 会存储在 CPU 的标志寄存器中。不过, 标志寄存器的值, 程序是无法直接参考的。那么, 程序是怎么来判断比较结果的呢?

实际上, 汇编语言中有多个跳转指令, 这些跳转指令会根据标志寄存器的值来判定是否需要跳转。例如, 最后一行的 jl, 是 jump on less than（小于的话就跳转）的意思。也就是说, jl short @4 的意思就是, 前面运行的比较指令的结果若 "小" 的话就跳转到 @4 这个标签。

---

[1] 相同数值进行 XOR 运算, 运算结果为 0。XOR 运算的规则是, 值不同时结果为 1, 值相同时结果为 0。例如, 01010101 和 01010101 进行 XOR 运算的话, 就会分别对该数字的各数字位进行 XOR 运算。因为这两个数的每个位都相同, 因此, 运算结果就是 00000000。

代码清单 10-10 是按照代码清单 10-9 中汇编语言源代码的处理顺序重写的 C 语言源代码（由于 C 语言中无法使用 @ 字符开头的标签，因此这里用了 L4 这个标签名），也是对程序实际运行过程的一个直接描述。不过看来看去还是觉得使用 for 语句的代码清单 10-8 的源代码更智能些。人们经常说"汇编语言是对 CPU 的实际运行进行直接描述的低级编程语言，C 语言是用与人类的感觉相近的表现来描述的高级编程语言"，此时，想必大家都能深切体会这句话的意思了吧。此外，代码清单 10-10 的第一行中的 $i\wedge=i$，意思是对 i 和 i 进行 XOR 运算，并把结果代入 i。为了和汇编语言的源代码进行同样的处理，这里把将变量 i 的值清 0 这一处理，通过对变量 i 和变量 i 进行 XOR 运算来实现了。借助 $i\wedge=i$，i 的值就变成了 0。

代码清单 10-10　用 C 语言来表示代码清单 10-9 的处理顺序

```
    i^= i;
L4: MySub();
    i++;
    if (i < 10) goto L4;
```

10.12　条件分支的实现方法

下面让我们来看一下条件分支的实现方法。条件分支的实现方法同循环处理的实现方法类似，使用的也是 cmp 指令和跳转指令，这一点估计大家也预料到了。

没错，条件分支就是利用这些指令来实现的。不过，为了以防万一，我们来确认一下。代码清单 10-11 是，根据变量 a 的值来调用不同函数（MySub1 函数、MySub2 函数、MySub3 函数）的 C 语言源代码。为了实现条件分支，这里使用了 if 语句。示例中被调用的各个函数，都不进行任何处理。将代码清单 10-11 的 MyFunc 函数处理转换成汇编语言源代码后，结果就如代码清单 10-12 所示。

代码清单 10-11　进行条件分支的 C 语言源代码

```
// 定义 MySub1 函数
void MySub1()
{
    // 不做任何处理
}

// 定义 MySub2 函数
void MySub2()
{
    // 不做任何处理
}

// 定义 MySub3 函数
void MySub3()
{
    // 不做任何处理
}

// 定义 MyFunc 函数
void MyFunc()
{
    int a = 123;
    // 根据条件调用不同的函数
    if (a > 100)
    {
        MySub1();
    }
    else if (a < 50)
    {
        MySub2();
    }
    else
    {
        MySub3();
    }
}
```

代码清单 10-12　将代码清单 10-11 的 MyFunc 函数转换成汇编语言后的结果

```
_MyFunc     proc    near
    push    ebp;
    mov     ebp,esp;
```

```
        mov     eax,123         ; 把 123 存入 eax 寄存器中
        cmp     eax,100         ; 把 eax 寄存器的值同 100 进行比较
        jle     short @8        ; 等于或小于 100 时，跳转到 @8 标签
        call    _MySub1         ; 调用 MySub1 函数
        jmp     short @11       ; 跳转到 @11 标签
@8:     cmp     eax,50          ; 把 eax 寄存器的值同 50 进行比较
        jge     short @10       ; 大于等于 50 时，跳转到 @10 标签
        call    _MySub2         ; 调用 MySub2 函数
        jmp     short @11       ; 跳转到 @11 标签
@10:    call    _MySub3         ; 调用 MySub3 函数
@11:    pop     ebp
        ret
_MyFunc         endp
```

代码清单 10-12 中用到了三种跳转指令，分别是如果小于或等于则跳转的 jle（jump on less or equal）、如果大于或等于则跳转的 jge（jump on greater or equal）、不管结果怎样都无条件跳转的 jmp。在这些跳转指令之前还有用来比较的 cmp 指令，比较结果被保存在标志寄存器中。这里我们添加了注释，大家不妨顺着程序的流程看一下。虽然同 C 语言源代码的处理流程不完全相同，不过大家应该知道处理结果是相同的。此外，还有一点需要注意的是，eax 寄存器表示的是变量 *a*。

虽然大部分的 C 语言参考书中都写着"为了便于理解程序的结构，应尽量避免使用无条件分支的 goto 语句"，不过，在汇编语言这一领域中，如果不使用相当于 C 语言 goto 语句的 jmp 指令，就无法实现循环和条件分支。由此看来，关于应不应该在 C 语言中使用 goto 语句，大家没有必要这么紧张。

10.13　了解程序运行方式的必要性

通过对 C 语言源代码和汇编语言源代码进行比较，想必大家对"程序是怎样跑起来的"又有了更深的理解。而且，从汇编语言源代码中获得的知识，在某些情况下对查找 bug 的原因也是有帮助的。

让我们来看个示例。代码清单 10-13 是更新全局变量 *counter* 的值的 C 语言程序。MyFunc1 函数和 MyFunc2 函数的处理内容，都是把全局变量 *counter* 的值放大到 2 倍。counter *= 2 ; 指的是把 *counter* 的数值乘以 2，然后再把所得结果赋值到 *counter* 的意思。这里，假设我们利用**多线程处理**[①],同时调用了一次 MyFunc1 函数和 MyFunc2 函数。这时，全局变量 *counter* 的数值，理应变成 $100 \times 2 \times 2 = 400$。然而，某些时候结果也可能会是 200。至于为什么会出现该 bug，如果没有调查过汇编语言的源代码，也就是说如果对程序的实际运行方式不了解的话，是很难找到其原因的。

代码清单 10-13　两个函数更新同一个全局变量数值的 C 语言程序

```
// 定义全局变量
int counter = 100;

// 定义 MyFunc1 函数
void MyFunc1()
{
    counter *= 2;
}

// 定义 MyFunc2 函数
void MyFunc2()
{
    counter *=2;
}
```

将代码清单 10-13 的 counter *= 2; 部分转换成汇编语言源代码后，结果就如代码清单 10-14 所示。这里希望大家注意的是，C 语言源代码中 counter *= 2; 这一个指令的部分，在汇编语言源代码，也就是实际运行的程序中，分成了 3 个指令。如果只是看 counter *= 2; 的话，就会以为 *counter* 的数值被直接扩大为了原来的 2 倍。然而，实际上执行的却

---

① "线程"是操作系统分配给 CPU 的最小运行单位。源代码的一个函数就相当于一个线程。多线程处理指的是在一个程序中同时运行多个函数的意思。

是"把 *counter* 的数值读入 eax 寄存器""将 eax 寄存器的数值变成原来的 2 倍""把 eax 寄存器的数值写入 *counter*"这 3 个处理。

代码清单 10-14 将全局变量的值翻倍这一部分转换成汇编语言源代码的结果

```
mov eax,dword ptr[_counter]   ; 将 counter 的值读入 eax 寄存器
add eax,eax                   ; 将 eax 寄存器的值扩大至原来的 2 倍
mov dword ptr[_counter],eax   ; 将 eax 寄存器的数值存入 counter 中
```

在多线程处理中，用汇编语言记述的代码每运行 1 行，处理都有可能切换到其他线程（函数）中。因而，假设 MyFunc1 函数在读出 *counter* 的数值 100 后，还未来得及将它的 2 倍值 200 写入 *counter* 时，正巧 MyFunc2 函数读出了 *counter* 的数值 100，那么结果就会导致 *counter* 的数值变成了 200（图 10-8）。

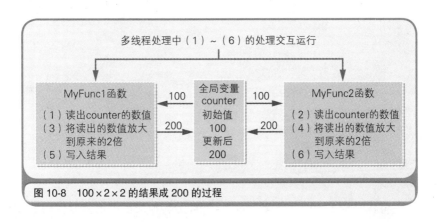

图 10-8 100×2×2 的结果成 200 的过程

为了避免该 bug，我们可以采用以函数或 C 语言源代码的行为单位来禁止线程切换的**锁定**方法。通过锁定，在特定范围内的处理完成之前，处理不会被切换到其他函数中。至于为什么要锁定 MyFunc1 函数和 MyFunc2 函数，大家如果不了解汇编语言源代码的话想必是不明白的吧。

现在基本上没有人用汇编语言来编写程序了。因为 C 语言等高级编程语言用 1 行就可以完成的处理，使用汇编语言的话有时就需要多行，效率很低。不过，汇编语言的经验还是很重要的。因为借助汇编语言，我们可以更好地了解计算机的机制。特别是对专业程序员来说，至少要有一次使用汇编语言的经验

下面让我们以开车为例进行说明。没有汇编语言经验的程序员，就相当于只知道汽车的驾驶方法而不了解汽车结构的驾驶员。对这样的驾驶员来说，如果汽车出现了故障或奇怪的现象，他们就无法自己找到原因。不了解汽车结构的话，开车的时候还可能会浪费油。这样的话，作为职业驾驶员是不合格的。与此相对，有汇编语言经验的程序员，也就相当于了解计算机和程序机制的驾驶员，他们不仅能自己解决问题，还能在驾驶过程中省油。

本章的内容确实有些绕，但是对了解计算机和程序的实际运行方式来说，体验汇编语言是最有效的。如果大家会使用 C 语言的话，希望大家对 C 语言的各种语法所对应的汇编语言都一一确认一下。最好能编写一些简短的程序来进行反复的测试。笔者自身也是通过进行这些尝试才使自己的编程技能有了大幅提高的。

下一章，我们将会对 I/O 端口的输入输出及中断处理等用程序来控制硬件的方法进行说明，同时也会介绍一个使用汇编语言的示例程序。

第11章

硬件控制方法

阅读正文前，让我们先回答下面的问题来热热身吧。

问题

1. 在汇编语言中，是用什么指令来同外围设备进行输入输出操作的？
2. I/O 是什么的缩写？
3. 用来识别外围设备的编号称为什么？
4. IRQ 是什么的缩写？
5. DMA 是什么的缩写？
6. 用来识别具有 DMA 功能的外围设备的编号称为什么？

怎么样？是不是发现有一些问题无法简单地解释清楚呢？下面是笔者的答案和解析，供大家参考。

答案 ··

1. IN 指令和 OUT 指令
2. Input/Output
3. I/O 地址或 I/O 端口号
4. Interrupt Request
5. Direct Memory Access
6. DMA 通道

解析 ··

1. 在 x86 系列 CPU 用的汇编语言中，通过 IN 指令来实现 I/O 输入，OUT 指令来实现 I/O 输出。
2. 用来实现计算机主机和外围设备输入输出交互的 IC 称为 I/O 控制器或简称为 I/O。
3. 所有连接到计算机的外围设备都会分配一个 I/O 地址编号。
4. IRQ 指的是用来执行硬件中断请求的编号。
5. DMA 指的是，不经过 CPU 中介处理，外围设备直接同计算机的主内存进行数据传输。
6. 像磁盘这样用来处理大量数据的外围设备都具有 DMA 功能。

"计算机如果没有软件，就仅仅是个箱子"这个诙谐的描述大家都知道吧？也就是说，即使是计算机这种看起来很了不起的设备（硬件），离开了软件依然什么也做不了。虽然这句话极具讽刺意味，不过也正戳到了计算机的本质。因为软件的存在是硬件正常运行的必要条件。通过前面的章节我们已经知道，控制 CPU，只需把编译器或汇编器生成的本地代码加载到主内存并运行就可以了。那么，如何用程序来控制 CPU 和主内存以外的硬件呢？本章我们就会对这个问题进行解答。

11.1　应用和硬件无关？

在用 C 语言等高级编程语言开发的 Windows 应用中，大家很少能接触到直接控制硬件的指令。这是因为硬件的控制是由 Windows 全权负责的。

不过，Windows 提供了通过应用来间接控制硬件的方法。利用操作系统提供的**系统调用**功能就可以实现对硬件的控制。在 Windows 中，系统调用称为 API（图 11-1）。各 API 就是应用调用的函数。这些函数的实体被存储在 DLL 文件中。

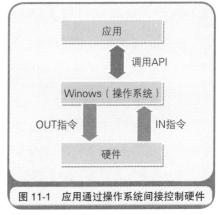

图 11-1　应用通过操作系统间接控制硬件

下面让我们来看一个利用系统调用来间接控制硬件的示例。例如，假设要在窗口中显示字符串，就可以使用 Windows API 中的 TextOut 函数[①]。TextOut 的语法如代码清单 11-1 所示。在这段代码中，确实没有能让大家意识到硬件的参数。带有"设备描述表的句柄"这一注释的参数 hdc，是用来指定字符串及图形等绘制对象的识别值，表示的也不是直接硬件设备。

代码清单 11-1　TextOut 函数的语法（C 语言）

```
BOOL TextOut(
  HDC hdc,              // 设备描述表的句柄
  int nXStart,          // 显示字符串的 x 坐标
  int nYStart,          // 显示字符串的 y 坐标
  LPCTSTR lpString,     // 指向字符串的指针
  int cbString          // 字符串的文字数
);
```

那么，在处理 TextOut 函数的内容时，Windows 做了什么呢？从结果来看，Windows 直接控制了作为硬件的显示器。但 Windows 本身也是软件，由此可见，Windows 应该向 CPU 传递了某些指令，从而通过软件控制了硬件。

11.2　支撑硬件输入输出的 IN 指令和 OUT 指令

Window 控制硬件时借助的是输入输出指令。其中具有代表性的两个输入输出指令就是 IN 和 OUT。这些指令也是汇编语言的助记符。

IN 指令和 OUT 指令的语法如图 11-2 所示。这是 Pentium 等 x86 系列 CPU 用的 IN 指令和 OUT 指令的语法。IN 指令通过指定端口号的端口输入数据，并将其存储在 CPU 内部的寄存器中。OUT 指令则是把

[①]　在向窗口和打印机输出字符串时，可以使用 Windows 提供的 TextOut 函数作为 API。C 语言提供的 printf 函数，是用来在命令提示符中显示字符串的函数。使用 printf 函数，是无法向窗口和打印机输出字符串的。

CPU 寄存器中存储的数据，输出到指定端口号的端口。

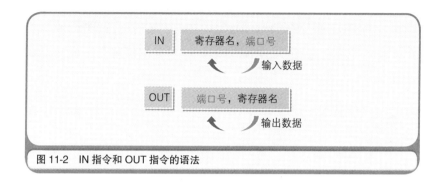

图 11-2　IN 指令和 OUT 指令的语法

　　下面让我们来看一下端口号和端口到底是什么。计算机主机中，附带了用来连接显示器及键盘等外围设备的连接器。而各连接器的内部，都连接有用来交换计算机主机同外围设备之间电流特性的 IC。这些 IC，统称为 I/O 控制器。由于电压不同，数字信号及模拟信号的电流特性也不同，计算机主机和外围设备是无法直接连接的。为了解决这个问题，I/O 控制器就很有必要了。

　　I/O 是 Input/Output 的缩写。显示器、键盘等外围设备都有各自专用的 I/O 控制器。I/O 控制器中有用于临时保存输入输出数据的内存。这个内存就是端口。端口（port）的字面意思是"港口"。由于端口就像是在计算机主机和外围设备之间进行货物（数据）装卸的港口，所以因此得名。I/O 控制器内部的内存，也称为寄存器。虽然都是寄存器，但它和 CPU 内部的寄存器在功能上是不同的。CPU 内部的寄存器是用来进行数据运算处理的，而 I/O 寄存器则主要是用来临时存储数据的。

　　在实现 I/O 控制器功能的 IC 中，会有多个端口。由于计算机中连接着很多外围设备，所以就会有多个 I/O 控制器，当然也会有多个端口。一个 I/O 控制器既可以控制一个外围设备，也可以控制多个外围设备。各端口之间通过**端口号**进行区分。端口号也称为 I/O **地址**。IN 指令和 OUT 指令在端口号指定的端口和 CPU 之间进行数据的输入输出。这和通过内存地址来进行主内存的读写是一样的道理（图 11-3）。

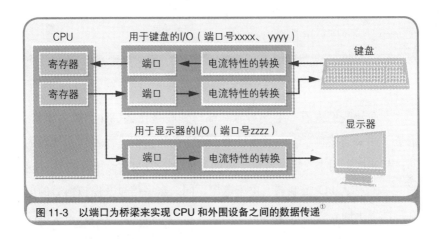

图 11-3　以端口为桥梁来实现 CPU 和外围设备之间的数据传递[①]

　　通过 Windows 的控制面板，我们可以查看外围设备所连接的 I/O 控制器的端口号。图 11-4 是通过 Windows 控制面板来查看软盘驱动控制器的属性时的情况[②]。"I/O 的范围"右侧的数值就是端口号。通过指定该端口号，并利用 IN/OUT 命令，就可以直接控制软驱这个硬件设备，实现输入输出处理了。

---

① I/O 装置，有的直接附带在计算机主机的主板（用来放置 CPU 的基板）上，有的则是各自独立的扩展板卡。键盘、鼠标、打印机等常用的 I/O，一般都在主板上，而输出显示图形的显卡及网卡等特殊的 I/O，通常是独立的扩展板卡。

② 近年来软驱已经不是标配了，Win7 后的版本中，可以通过控制面板→系统安全→系统→设备管理查看。——译者注

图 11-4 通过控制面板查看软盘驱动器的端口号

11.3 编写测试用的输入输出程序

首先让我们利用 IN 指令和 OUT 指令，来进行一个直接控制硬件的试验。假设该试验的目的是让计算机内配置的蜂鸣器（小喇叭）发音。虽然蜂鸣器内置在计算机内部，但其本身也是外围设备的一种。因为就算是把蜂鸣器取出，对计算机主机也不会有什么影响。

由于用汇编语言编写程序比较麻烦，因此这里我们采取在 C 语言源代码中插入助记符的方式来实现。在大部分 C 语言的处理（编译器的种类）中，只要使用 _asm{ 和 } 括起来，就可以在其中记述助记符。也就是说，这样就可以编写 C 语言和汇编语言混合的源代码。这里，我们使用微软的 Visual C++ [①] 来作成应用。

在 AT 兼容机中，蜂鸣器的默认端口号是 61H（末尾的 H，表示的是十六进制数（Hexadecimal）的意思）。用 IN 指令通过该端口号输入数据，并将数据的低 2 位设定为 ON，然后再通过该端口号用 OUT 指令输出数据，这时蜂鸣器就会响起来。采用同样的操作方法，将数据的低 2 位设定为 OFF 并输出后，蜂鸣器就停止了。

位设定为 ON 指的是将该位设定为 1，位设定为 OFF 指的是将该位设定为 0。把位设定为 ON，只需把想要设定为 ON 的位设定为 1，其他位设定为 0 后进行 OR 运算即可。由于这里需要把低 2 位置为 1，因此就是和 03H 进行 OR 运算。03H 用 8 位二进制数来表示的话是 00000011。由于即便高 6 位存在着具体意义，和 0 进行 OR 运算后也不会发生变化，因而就和 03H 进行 OR 运算。把位设定为 OFF，只需把想要置 OFF 的位设定为 0，其他位设定为 1 后进行 AND 运算即可。由于这里需要把低 2 位设定为 0，因此就要和 FCH 进行 AND 运算。在源代码中，FCH 是用 0FCH 来记述的。在前面加 0 是汇编语言的规定，表示的是以 A~F 这些字符开头的十六进制数是数值的意思。0FCH 用 8 位二进制数来表示的话是 11111100。由于即便高 6 位存在着具体意义，和 1 进行 AND 运算后也不会产生变化，因而就是同 0FCH 进行 AND 运算（代码清单 11-2）。

代码清单 11-2 利用 IN/OUT 指令来控制蜂鸣器的程序示例

```
void main ( ) {
    // 计数器
    int i;

    // 蜂鸣器发声
```

___
[①] 可以免费下载的 Borland C++ 5.5，不支持加入了汇编语言的源代码的编译。使用该版本时需要购买特定的汇编器。因此这里我们用的是 Visual C++ 6.0。

```
    _asm {
        IN  EAX, 61H
        OR  EAX, 03H                                    (1)
        OUT 61H, EAX
    }

    // 等待一段时间
    for (i = 0; i < 1000000 ; i++) ;                    (2)

    // 蜂鸣器停止发声
    _asm {
        IN  EAX, 61H
        AND EAX, 0FCH                                   (3)
        OUT 61H, EAX
    }
}
```

接下来就让我们对代码清单 11-2 进行详细说明。main 是位于 C 语言程序运行起始位置的函数。在该函数中，有两个用 _asm{ 和 } 围起来的部分，它们中间有一个使用 for 语法的空循环（不做任何处理的循环）。

（1）部分是控制蜂鸣器发音的部分。首先，通过 IN EAX,61H（助记符不区分大小写）指令，把端口 61H 的数据存储到 CPU 的 EAX 寄存器中。接下来，通过 OR EAX,03H 指令，把 EAX 寄存器的低 2 位设定成 ON。最后，通过 OUT 61H,EAX 指令，把 EAX 寄存器的内容输出到 61 号端口，使蜂鸣器开始发音。虽然 EAX 寄存器的长度是 32 位，不过由于蜂鸣器端口是 8 位，所以只需对下 8 位进行 OR 运算和 AND 运算就可以正常运行了。

（2）部分是一个重复 100 万次的空循环，主要是为了在蜂鸣器开始发音和停止发音之间稍微加上一些时间间隔。因为现在计算机的 CPU 运行速度非常快，哪怕是 100 万次的循环，也几乎是瞬间完成的。

（3）部分是用来控制蜂鸣器发音停止的部分。首先，通过 IN EAX,61H 指令，把端口 61H 的数据存储到 CPU 的 EAX 寄存器中。接

下来，通过 AND EAX,0FCH 指令，把 EAX 寄存器的低 2 位设定成
OFF。最后，通过 OUT 61H,EAX 指令，把寄存器 EAX 的内容输出到
61 号端口，使蜂鸣器停止发音。大家可以把 61H 端口的低 2 位认为是
蜂鸣器的开关。

最后，让我们对代码清单 11-2 进行编译，并尝试运行一下。这时，
蜂鸣器应该会发出"嘀！"的短促声音。此外，有一点需要注意的是，
该程序虽然在旧版本 Windows（95、98）中可以正常运行，但在这以后
的 Windows（XP、Vista 等）版本中是无法正常运行的。这是因为，为
了保护系统安全，现在的 Windows 禁止了应用直接控制硬件的方式。
如果将该程序在最近的 Windows 版本上运行的话，就会出现如图 11-5
所示的错误信息，而且蜂鸣器也不会发出声音。

图 11-5　由于现在的 Windows 禁止应用直接控制硬件，因而出现了错误信息

11.4　外围设备的中断请求

让我们再来看一下图 11-4。在"I/O 范围"下面有一个"IRQ"项
目，对应的值是 0x00000006（06）。IRQ（Interrupt Request）是**中断请
求**的意思。那么，IRQ 主要是用来做什么的呢？

IRQ 是用来暂停当前正在运行的程序，并跳转到其他程序运行的

必要机制。该机制称为**中断处理**。中断处理在硬件控制中担当着重要角色。因为如果没有中断处理，就有可能出现处理无法顺畅进行的情况。

从中断处理开始到请求中断的程序（中断处理程序）运行结束之前，被中断的程序（主程序）的处理是停止的。这种情况就类似于在处理文档的过程中有电话打进来，电话就相当于中断处理。假如没有中断功能的话，就必须等到文档处理完毕才可以接听电话。这样就太不方便了。由此可见，中断处理有着很大的价值。就像接听完电话后返回到原来的文档作业一样，中断处理程序运行结束后，处理也会返回到主程序中继续（图 11-6）。

图 11-6　中断处理就类似于在处理文档时接电话

实施中断请求的是连接外围设备的 I/O 控制器，负责实施中断处理程序的是 CPU。为了进行区分，外围设备的中断请求会使用不同于 I/O 端口的其他编号，该编号称为**中断编号**。在控制面板中查看软盘驱动器的属性时，IRQ 处显示的数值 06，表示的就是用 06 号来识别软盘驱动器发出的中断请求。另一方面，操作系统及 BIOS[1] 则会提供响应中断编号的中断处理程序。

假如同时有多个外围设备进行中断请求的话，CPU 也会为难。为此，我们可以在 I/O 控制器和 CPU 中间加入名为**中断控制器**的 IC 来进行缓冲。中断控制器会把从多个外围设备发出的中断请求有序地传递给 CPU。大家对中断控制器的认识可能比较薄弱，不过只需了解该设备的存在和角色就可以了（图 11-7）。

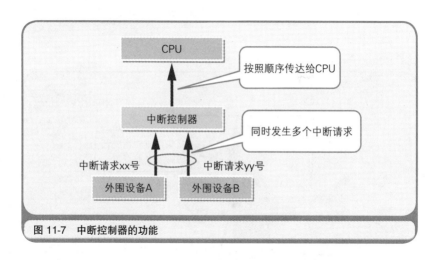

图 11-7 中断控制器的功能

CPU 接收到来自中断控制器的中断请求后，会把当前正在运行的主程序中断，并切换到中断处理程序。中断处理程序的第一步处理，就是把 CPU 所有寄存器的数值保存到内存的栈中。在中断处理程序中完成外围设备的输入输出后，把栈中保存的数值还原到 CPU 寄存器中，然后再继续进行对主程序的处理。假如 CPU 寄存器的数值没有还

---

[1] BIOS（Basic Input Output System）位于计算机主板或扩展板卡上内置的 ROM 中，里面记录了用来控制外围设备的程序和数据。这一点在第 7 章中进行过说明。

原的话，就会影响到主程序的运行，甚至还有可能会使程序意外停止或者发生运行异常。这是因为主程序在运行过程中，出于某些原因用到 CPU 寄存器。而这时如果突然插入别的程序，主程序必然会受到影响。因此，在中断请求完毕后，各寄存器的数值必须要还原到中断前的状态。只要寄存器的值保持不变，主程序就可以像没有发生任何事情一样继续处理（图 11-8）。

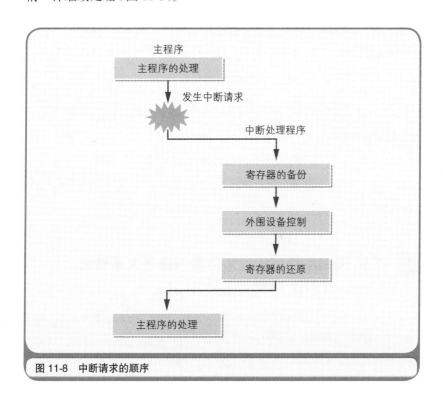

图 11-8　中断请求的顺序

11.5　用中断来实现实时处理

在主程序运行的过程中，中断发生的频率有多大呢？实际上，大部分的外围设备，都会频繁地发出中断请求。其原因就是为了实时处理从外围设备输入的数据。虽然不利用中断也可以从外围设备输入数据。但那种情况下，主程序就必须要持续不断地检测外围设备是否有数据输入。

由于外围设备有很多个，因此就有必要按照顺序来调查。按照顺序调查多个外围设备的状态称为**轮询**。对几乎不产生中断的系统来说，轮询是比较合适的处理。不过，对计算机来说就不适合了。举例来说，假如主程序正在调查是否有鼠标输入，这时如果发生了键盘输入的话，该如何处理呢？结果势必会导致键盘输入的文字无法实时地显示在显示器上。而通过使用中断，就可以实现实时显示了。

打印机等输出用的外围设备中，外围设备接收数据的状态，有时是需要用中断来通知的。由于外围设备的处理速度比计算机主机的处理速度要慢很多，因此，这种情况下就不需要对打印机的状态进行多次调查，只需在中断请求发生时输出数据即可，这样一来，其他时间CPU就可以集中处理别的程序了。中断处理是不是很方便呢。

11.6　DMA 可以实现短时间内传送大量数据

在了解 I/O 输入输出及中断处理的同时，还希望大家记住另外一个机制，这就是 DMA（Direct Memory Access）。**DMA** 是指在不通过 CPU 的情况下，外围设备直接和主内存进行数据传送。磁盘等都用到了这个 DMA 机制。通过利用 DMA，大量数据就可以在短时间内转送到主内存。之所以这么快速，是因为 CPU 作为中介的时间被节省了（图 11-9）。

图 11-10 和在前面看到的软盘控制器的属性画面是相同的。在资源[①]

[①]　资源是计算机具备的有限资源的统称。端口号、IRQ、DMA 等可以指定的数值范围都是有限的，因此它们也是资源的一种。

标签中有 DMA 设定，可以看出此处该设定为 02。02 这个编号称为 **DMA 通道**。CPU 借助 DMA 通道，来识别是哪一个外围设备使用了 DMA。

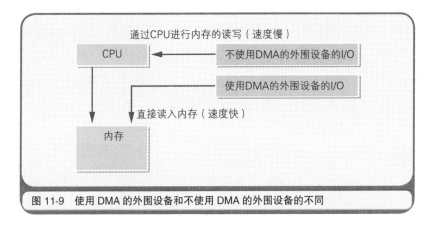

图 11-9　使用 DMA 的外围设备和不使用 DMA 的外围设备的不同

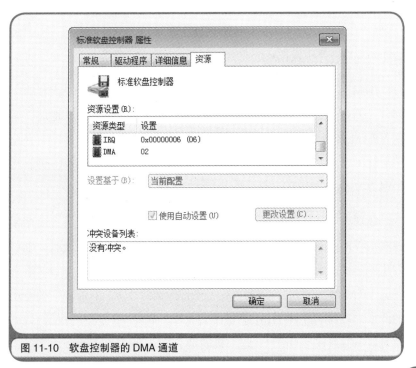

图 11-10　软盘控制器的 DMA 通道

　　I/O 端口号、IRQ、DMA 通道可以说是识别外围设备的 3 点组合。不过，IRQ 和 DMA 通道并不是所有的外围设备都必须具备的。计算机主机通过软件控制硬件时所需要的信息的最低限，是外围设备的 I/O 端口号。IRQ 只对需要中断处理的外围设备来说是必需的，DMA 通道则只对需要 DMA 机制的外围设备来说是必需的。假如多个外围设备都设定成同样的端口号、IRQ 及 DMA 通道的话，计算机就无法正常工作了。这种情况下，就会出现"设备冲突"的提示。

11.7　文字及图片的显示机制

　　在本章的最后，让我们一起来看一下显示器显示文字及图形的机制。如果用一句话来简单地概括该机制，那就是显示器中显示的信息一直存储在某内存中。该内存称为 VRAM（Video RAM）。在程序中，只要往 VRAM 中写入数据，该数据就会在显示器中显示出来。实现该功能的程序，是由操作系统或 BIOS 提供，并借助中断来进行处理的。

　　在 MS-DOS 时代，对大部分计算机来说，VRAM 都是主内存的一部分。例如 PC-9801 这种机型的计算机，主内存地址 A0000 地址以后是 VRAM 区域。如果用程序往 VRAM 内存地址中写入数据，文字及图形就可以显示出来。不过，文字和图形的颜色最多只能有 16 种。这是因为 VRAM 的内存空间太小了（图 11-11(a)）。

　　在现在的计算机中，**显卡**等专用硬件中一般都配置有与主内存相独立的 VRAM 和 **GPU**（Graphics Processing Unit，图形处理器，也称为图形芯片）。这是因为，对经常需要描绘图形的 Windows 来说，数百兆的 VRAM 是必需的。而为了提升图形的描绘速度，有时还需要专用的图形处理器（图 11-11(b)）。但不管怎样，内存 VRAM 中存储的数据就是显示器上显示的信息，这一机制是不变的。

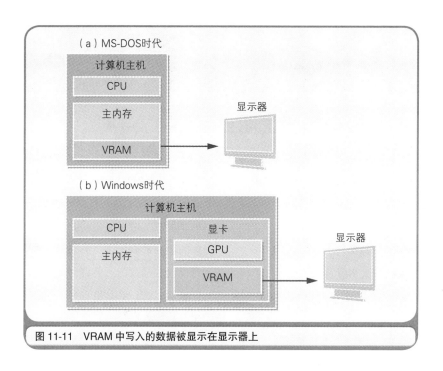

图 11-11　VRAM 中写入的数据被显示在显示器上

　　用软件来控制硬件听起来好像很难，但实际上只是利用输入输出指令同外围设备进行输入输出的处理而已。中断处理是根据需要来使用的选项功能，DMA 则直接交给对应的外围设备即可。由此可见，对程序员来说，其实并不困难。

　　虽然计算机领域的新技术在不断涌现，但计算机能处理的事情，始终只是对输入的数据进行运算，并把结果输出，这一点是不会发生任何变化的。不管程序内容是什么，最终都是数据的输入输出和运算。本章介绍的开启和停止蜂鸣器的程序，就是一个很好的例子。而无论是计算机还是程序，其实都很简单。

　　下一章，我们会通过开发一个简单的游戏程序，来对计算机的"思考"机制进行说明。

向邻居老奶奶说明显示器和电视机的不同

笔者: 老奶奶您好啊。身体咋样啊?

老奶奶: 嗯嗯。挺好。

笔者: 顺便问一下，您喜欢什么样的电视节目呀?

老奶奶:《水户黄门》和《暴坊将军》。年轻人看的电视节目太吵了，受不了。

笔者: 原来您喜欢古装剧啊。我也挺喜欢的。"不认识这把尚方宝剑么?"（水户黄门）、"忘了老子长什么样了么?"（暴坊将军），这些台词还真是经典啊。

老奶奶: 啊呀啊呀，小年轻的，这也知道，不多见啊。做什么的啊?

笔者: 计算机相关的工作。

老奶奶: 计算机工作，每天对着电视机。眼睛很累吧。

笔者: 您知道的真多。不过，计算机带的那个画面，和电视机可不一样，是放不了古装剧的。

老奶奶: 是吗? 那计算机的电视机放的是什么呢?

笔者: 这个不是电视机，大家称它为显示器。电视机最初是"把远处的东西放映出来"的意思。把电视台上播放的古装剧，在您家里放映出来，就是电视机。与此相对，计算机显示器上显示的是计算机主机上的程序的运行结果。

老奶奶: 都是啥跟啥啊，太难了，不懂。

笔者: 抱歉啊，老奶奶。我说的有点难理解了。那咱们就先说说计算机的功能吧。计算机有好多功能，公司、事务所等处理文档啊记账啥的，用的都是计算机。

老奶奶: ? ? ?

笔者: 这么说可能有点失礼，在老奶奶你们那个年代，大家用的都是纸质的文档和记账本等。现在，计算机发达了，大家就不再用纸，而是用计算机来处理事务了。

老奶奶：？？？

笔者：（糟了，老奶奶不说话了，有办法了！）老奶奶，计算机的显示器可以显示文档和记账本。大家就是看着这些来进行工作的。

老奶奶：噢，有点明白了。那么，怎么在电视机中的文档和记账本上写字呢?

笔者：（有戏，老奶奶开口了）用键盘啊。在键盘上，有大量标着字母和数字的按键。只要按下这些按键，就可以写了。计算机是显示器、键盘以及计算机主机的组合体。

老奶奶：这么说来计算机是用来写字的工具啊。还真是头一回听说。

笔者：额……这样理解也没有问题。

老奶奶：计算机的电视机会显示文字。

笔者：（不是电视机，是显示器好不好！）是啊，是啊。

老奶奶：如果计算机的电视机能放古装剧的话就好了。那样的话工作的时候还能看电视呢。

笔者：老奶奶，这还真是个好想法！实际上，利用电视调谐器，

就可以在计算机上看电视了。

老奶奶：啊，那不还是和电视机一样吗?

笔者：额……这么想好像也没有什么不对的。

第12章
让计算机"思考"

热身问答

阅读正文前，让我们先回答下面的问题来热热身吧。

问题

1. 用计算机进行的模拟试验称为什么？
2. 伪随机数指的是什么？
3. 随机数的种子指的什么？
4. 计算机有思考功能吗？
5. 计算机有记忆功能吗？
6. AI 是什么的缩写？

怎么样？是不是发现有一些问题无法简单地解释清楚呢？下面是笔者的答案和解析，供大家参考。

答案

1. 计算机模拟
2. 通过公式产生的伪随机数
3. 生成伪随机数的公式中使用的参数
4. 没有
5. 有
6. Artificial Intelligence

解析

1. 计算机模拟是指用软件来进行实际试验。
2. 伪随机数同真正的随机数不同，具有周期性。
3. 随机数的种子不同，产生的随机数也是不同的。
4. 作为计算机大脑的CPU，其本身并不具有思考功能。
5. 内存及磁盘等有记忆功能。
6. Artificial Intelligence 是"人工智能"的意思。

本章重点

　　本章中，我们将用 C 语言开发一个简单的游戏程序，来对如何让计算机"思考"进行说明。该游戏程序的名称是《猜拳游戏》。也就是说，让大家和计算机进行猜拳比试。在比试开始前，是先出石头、剪刀还是布呢，想必大家都会思考一番。而计算机也是如此，不进行"思考"就无法获胜。那么，如何才能让计算机"思考"呢？我们可以用程序来实现思考步骤，然后再传给计算机。大家知道，即使是对同一件事情，成人和小孩的思考方式也是不同的，经验、直觉等都会影响"思考"的深度。而这些在程序中是如何表示的呢？这就是本章的重点。不过大家先不要着急，让我们从编程开始说起。

12.1　作为"工具"的程序和为了"思考"的程序

　　程序就如同是由计算机执行的各种指令罗列起来的文章。计算机内部的 CPU，通过对该文章的内容进行解析和运行，来控制连接到计算机的各种外围设备。具体来说，**控制**就是指 CPU 和各种设备之间配合进行数据的输入输出处理。关于程序的运行原理，在前面章节中我们已经从各方面进行了说明。那么，如果此时再问大家"使用程序的目的是什么"，各位会如何回答呢？

　　程序的使用目的大体可以划分为两类。一类是大家作为工具来使用的程序。例如，文字处理器这个程序，大家是将其作为文档处理的工具来使用的。虽然用笔及尺子等也可以作成文档，不过用文字处理器会更有效率。这种情况可以说是程序替代了现有的工具。

　　另外一个使用目的是用程序来代替执行人类的思考过程。例如，微计算机[①]控制的电饭煲，会根据米和水的份量来自动调整火的大小以及加热时间，进而焖出好吃的米饭。当然，大家只要控制好火的大小及加热时间，也可以做出好吃的米饭。不过，这件事由计算机代替执行了。这种情况就可以说是借助程序，使计算机有了"思考"功能（图12-1）。

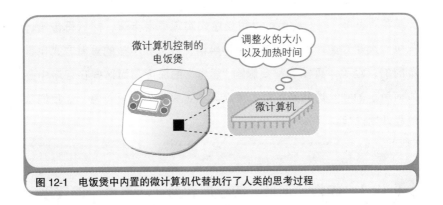

图 12-1　电饭煲中内置的微计算机代替执行了人类的思考过程

12.2　用程序来表示人类的思考方式

那么，如何才能让计算机思考呢？接下来，我们就一边用 C 语言制作《猜拳游戏》，一边来尝试各种思考方式。在猜拳游戏中，程序需要让计算机像猜拳选手一样来思考。因此，为了制作该游戏，就需要"用程序来实现猜拳选手的思考步骤"。请大家冷静地回忆一下自己在猜拳时的思考过程。如果这个思考过程能直接用程序来表现的话，那么就能实现让计算机思考了（图12-2）。

大家通常是一边说"石头剪刀布"一边猜拳。不过，小孩子的话，在说"石头剪刀"的时候，他并不会思考接下来是出石头、剪刀还是

---

① 微计算机是微型计算机的简称。通常是指专门用来控制家电等的小型计算机。

布，而是在说"布"的同时直接决定。这就是一种没有任何策略的随意的思考方式。该思考过程用程序来表示的话，就如代码清单 12-1 所示。

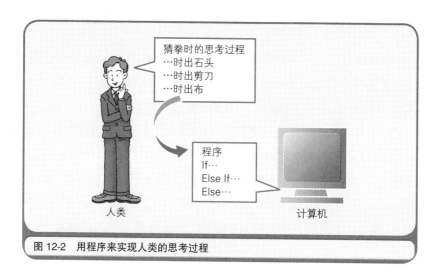

图 12-2 用程序来实现人类的思考过程

代码清单 12-1 随意决定出拳的猜拳游戏程序示例

```c
#include <stdio.h>
#include <stdlib.h>

void main() {
    // 用来保存计算机出拳信息的变量
    int computer;

    // 等待用户键盘输入
    printf(" 石头剪刀……");
    getchar();
    printf(" 布！\n");

    // 计算机决定出拳
    srand(time(NULL));
    computer = rand() % 3;

    // 输出计算机的出拳信息
    if(computer == 0) {
        printf ("计算机的出拳是：石头 \n");
    } else if( computer == 1 ) {
```

```
      printf ("计算机的出拳是：剪刀 \n");
   } else {
      printf ("计算机的出拳是：布 \n");
   }
}
```

接下来让我们对代码清单 12-1 的内容进行说明。*computer* 是用来保存计算机出拳数据的变量。石头、剪刀、布分别用数值 0、1、2 来表示（后面的程序中也是如此）。这里使用随机数^①来决定是 0、1、2 中的某一个数值。随机数指的是随机出现的没有规律的数值。在 C 语言中，rand() 函数返回的随机数的范围是 0~32767。该值用 3 来取余，得到 0、1、2 中的某一个数值。用该值作为计算机的出拳数据。也就是 *computer* = rand() % 3; 这一部分。其中，% 是取余运算符。而至于 rand() 前面的 srand(time(NULL)); 的功能，我们会在后面进行说明。

该程序运行后，首先出现的是"石头剪刀……"。这个时候请大家在头脑中想定一个自己要出的拳。想好自己要出的拳后，按下 Enter 键。等到画面中出现了"布!"，计算机的出拳信息也就显示出来了。if...else if... else 这一部分表示的是，根据变量 *computer* 中所代入的数值（0、1、2）的不同，计算机的出拳信息分别以"石头""剪刀""布"的形式显示在画面上。程序的运行结果如图 12-3 所示。

用随机数决定出拳的方式，同随意而定的思考方式是相同的。表 12-1 是该程序运行 10 次时计算机的出拳信息。

---

① 通常所说的随机数指的是统一随机数。统一随机数指的是在一定数值范围内各数出现频率相同的随机数形式。C 语言中的 rand() 函数的返回值就是统一随机数。

图 12-3　代码清单 12-1 的运行结果

表 12-1　代码清单 12-1 的运行结果和计算机的出拳信息

次数	1	2	3	4	5	6	7	8	9	10
出拳信息	剪刀	石头	布	布	剪刀	剪刀	布	石头	石头	剪刀

12.3　用程序来表示人类的思考习惯

即使是成年人，可能偶尔也会像代码清单 12-1 这样猜拳时随意决定出什么。不过，并不是所有人都如此。例如，"小 A 同学喜欢出石头"，像这样，出拳习惯是因人而异的。习惯也是人类的思考方式。而如果要用程序来表示人类的习惯，就需要对习惯进行定量表现。虽然这里提到了定量，但大家不要想得太复杂。出石头的概率是 50%，出剪刀的概率是 30%，出布的概率是 20%，像这样用数值来表示的方式，就是定量的意思。

下面就让我们来生成一个具有习惯的程序。在代码清单 12-1 中，我们使用了 0、1、2 这 3 个随机数来表示石头、剪刀、布。这里，我们用 0～9 这 10 个随机数，0～4 时表示石头，5～7 表示剪刀，8～9 表示布，这样规定后，石头、剪刀、布的百分比率就分别变成了 50%、30%、20%。

该程序只要把先前的程序稍微改造一下即可实现。把决定计算机出

拳的 *computer* = rand() %3; 部分变成 *computer* = rand() %10;, *computer* 变量就可以得到 0~9 的随机数了。然后，再将 if… else if… else 这一部分改造为，变量 *computer* 的值是 0~4 时显示"石头"、为 5~7 时显示"剪刀"、为 8~9 时显示"布"。通过这些变化，石头剪刀布出现的几率就分别成 50%、30%、20% 了（代码清单 12-2）。

代码清单 12-2 具有习惯的猜拳游戏程序示例

```c
#include <stdio.h>
#include <stdlib.h>

void main() {
    // 用来保存计算机出拳信息的变量
    int computer;

    // 等待用户键盘输入
    printf(" 石头剪刀……");
    getchar();
    printf(" 布！\n");

    // 计算机决定出拳
    srand(time(NULL));
    computer = rand() % 10;

    // 输出计算机的出拳信息
    if(computer >= 0 && computer <= 4) {
        printf ("计算机的出拳是: 石头 \n");
    } else if (computer >= 5 && computer <= 7) {
        printf ("计算机的出拳是: 剪刀 \n");
    } else {
        printf ("计算机的出拳是: 布 \n");
    }
}
```

这样，具有某种习惯的猜拳游戏就完成了。让我们把程序运行一下看看（表 12−2）。相比前面的程序，该程序的出拳方式更类似于人类的习惯。多次猜拳后，就会发现"这个计算机有出石头的习惯"。不过，真正的计算机并不具有习惯。这里只是运行了具有的习惯的程序而已。

表 12-2　代码清单 12-2 的运行结果和计算机的出拳信息

次数	1	2	3	4	5	6	7	8	9	10
出拳信息	石头	剪刀	剪刀	石头	石头	石头	剪刀	石头	布	石头

12.4　程序生成随机数的方法

接下来，让我们看一下随机数在程序中扮演的角色。在编写游戏程序时，以及在计算机模拟[①]等情况下，经常使用随机数。随机数也是用程序来表示人类的直觉及念头的一种方法。从代码清单 12-2 的运行结果中大家可以发现，"一直在出石头的时候突然出了一个剪刀"，这确实很像人类的行为方式。

随机数色子[②]是用来产生随机数的一种工具，每个色子有 20 面。晃动随机数色子后，出现在正面的数字就是随机数。由于计算机没法晃动随机数色子，因此程序一般会通过生成类似于随机数的数值公式来得到随机数。在 C 语言中，虽然该公式的实体是隐藏的，但只要调用 rand() 函数，就可以得到结果（随机数）。不过，由于借助公式产生的随机数具有一定的规律性，因此并不是真正的随机数，通常称为**伪随机数**。不过，虽然是伪随机数，仍然十分有用。

作为参考，这里向大家介绍一个获取伪随机数的公式。该公式称为**线性同余法**[③]。如果把 R_i 作为当前随机数的话，那么下一个出现的随

---

① 计算机模拟指的是利用计算机模拟实际试验的方式。经常被用于建筑物的耐震实验等实际难以进行的实验中。使用随机数的计算机模拟有时也称为"蒙特卡洛法"，来源于因赌博而闻名的城市——蒙特卡洛。

② 随机数色子的各面上都标有 1～20（或 1～10 每两个面为同一个数值）的数值。晃动随机数色子后，就可以得到 1～20（或 1～10）的一个随机数。

③ 除了线性同余法以外，还有其他获取伪随机数的方法。如可以获得更接近"真实随机数"的"乘同余法"、"M 系法"以及能够快速生成随机数的"Knuth 减算法"等。

机数 R_{i+1} 就可以用下面的公式来获取。

$$R_{i+1} = (a \times Ri + b) \bmod c$$

公式中出现的 mod，是整除后取余的意思。同 C 语言的 % 运算符的功能是一样的。对 a、b、c 各参数设定合适的整数后，可以从该公式获得的随机数的范围就是 0 到 c（不包含）。因为是用 c 来进行取余，所以得到这个范围也是理所当然的。我们不妨做一下尝试，把 a 设定为 5，b 设定为 3，c 设定为 8，获得的随机数就如表 12-3 所示。这里把 Ri 的初始值定为了 1。可以看出，这些随机数确实很像是无规则随机出现的数值。不过，产生 8 次随机数后，下 8 次产生的随机数就和前面的数值相同了。这种周期性是伪随机数的特征，也是为什么不是真随机数的原因。

C 语言的 rand() 函数中，也肯定通过某些公式生成了伪随机数。假如使用的是线性同余法的话，就需要提前设定 Ri、a、b、c 的数值，为此就要用到代码清单 12-1 及代码清单 12-2 中的 srand(time(NULL));。srand() 函数中的参数 time(NULL)，是用来获取当前时间的参数。以 time(NULL) 的值为基础，来设定 Ri、a、b、c 的数值。由于每次启动程序时的当前时间都是变化的，因此 Ri、a、b、c 的数值也会随之发生变化。Ri、a、b、c 的数值就称为**随机数的种子**，这一点大家要有个印象。而假如在不运行 srand(time(NULL)); 的情况下重复调用 rand() 函数的话，会出现什么情况呢？因为 Ri、a、b、c 的数值都有默认值，因此每次都会生成以相同方式出现的随机数。这样一来，游戏以及计算机模拟就都无法成立了。当然也就无法表示人类的思考了。

表 12-3 用线性同余法获得的随机数具有周期性

次数	1	2	3	4	5	6	7	8	9	10	11	12	13	14	15	16
随机数	0	3	2	5	4	7	6	1	0	3	2	5	4	7	6	1

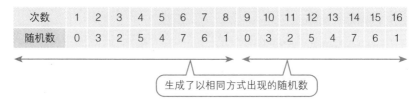

生成了以相同方式出现的随机数

12.5 活用记忆功能以达到更接近人类的判断

人类的日常判断通常是根据直觉和经验做出的。直觉并不仅仅是简单的任意思考，通常还带有一些个人的思维习惯。在前面的介绍中我们已经提到，通过借助随机数，思考习惯等也是可以表示的。而如果在此基础上再加上经验（记忆）元素的话，想必就可以作成更接近人类思考的程序了。

请大家考虑一下猜拳游戏中是如何用到经验的。经过多次猜拳后，我们可能就会得到类似于"小 B 同学在出石头后出剪刀的概率比较高"这样的经验。基于这一经验，我们就可以应用以下策略，即"刚才小 B 同学出了一个石头，接下来应该会出剪刀，因此计算机出石头的话就赢了"。代码清单 12-3 是实现该策略的程序示例。在该程序中，通过键盘输入 0、1、2 来决定出拳。当键盘输入 0、1、2 以外的数值时，结束游戏。

代码清单 12-3 利用经验来决定出拳的猜拳游戏程序示例

```
#include <stdio.h>
#include <stdlib.h>

void main() {
    // 对手的出拳
    int human;

    // 假设对手刚才出了石头
    int prev = 0;
```

```
// 记忆对手出拳信息的 2 维数组
int memory[3][3] = { { 0, 0, 0 }, { 0, 0, 0 }, { 0, 0, 0 } };

// 预测的对手出拳信息
int max;

// 猜拳的回合数
int counter = 0;

// 计算机的出拳
int computer;

// 设定随机数的种子
srand(time(NULL));

// 重复猜拳
While (-1) {
    // 对手决定出拳信息
    printf(" 石头剪刀 （ 0= 石头，1= 剪刀，2= 布，其他 = 退出游戏 ）…");
    scanf("%d", &human);
    printf(" 布 \n");

    // 输入 0、1、2 以外的数值时游戏结束
    if (human < 0 || human > 2) break;

    // 记录猜拳的回合数
    counter++;

    // 计算机决定出拳信息
    if (counter < 10 ) {
        // 低于 10 次时，随机出拳
        computer = rand() % 3;
    } else {
        // 高于 10 次时，根据记忆来出拳
        max = 0;
        if (memory[prev][max] < memory[prev][1]) max = 1;
        if (memory[prev][max] < memory[prev][2]) max = 2;
        computer = (max + 2) % 3;
    }

    // 输出计算机的出拳信息
    if (computer == 0) {
        printf ("计算机的出拳是：石头 \n");
    } else if (computer == 1) {
        printf ("计算机的出拳是：剪刀 \n");
    } else {
```

```
            printf (" 计算机的出拳是：布 \n");
        }
        printf("\n");

        // 记录对手的出拳信息
        memory[prev] [human]++;
        prev = human;
    }
}
```

在该程序中，猜拳结果被保存在了计算机内部的内存中。而对手的
出拳信息也通过 2 维数组[①]memory 记录了下来。例如 player[0][0] 这个数
组元素记录的就是对手出石头后再出石头的次数。数组的索引 0、1、2
分别表示石头、剪刀、布。由于猜拳游戏刚开始时，数据记录还不够
充足，因此这里使用了变量 $counter$ 来记录猜拳的次数，当不满 10 次
时，由随机数来决定出拳。变量 $prev$ 记录的是对手先前的出拳信息。

运行代码清单 12-3 的程序后，就会发现计算机变强了（图 12-4）。
表 12-4 表示的是对手连续出了 15 次石头时计算机的出拳信息。借助记
忆功能，在猜拳游戏进行了 10 次以后，计算机出的都是布，全胜。这
是因为计算机基于"对手出石头后还会出石头"这一记忆，做出了出布
的判断。

---

① 有两个索引的数组称为 2 维数组。2 维数组在处理表格形式的数据时很便
利。由于 int player[3][3] 数组前后的索引数值分别是 0、1、2，因此就可以
用类似于下面这种 3 行 ×3 列的表格形式来进行数据的处理。

再次出拳的次数	出石头的次数	出剪刀的次数	出布的次数
前一回出石头后	player[0][0]	player[0][1]	player[0][2]
前一回出剪刀后	player[1][0]	player[1][1]	player[1][2]
前一回出布后	player[2][0]	player[2][1]	player[2][2]

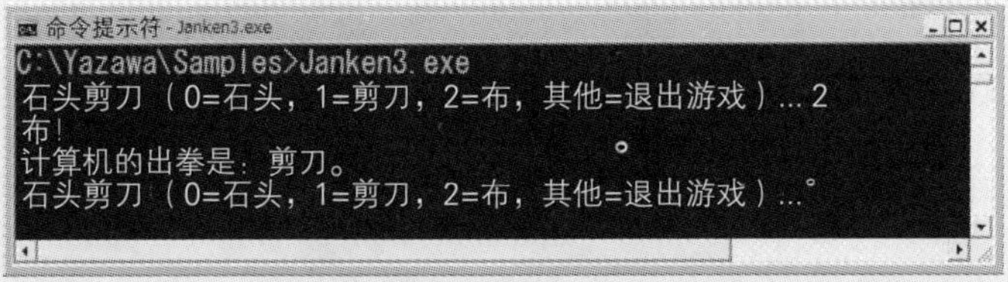

图 12-4　代码清单 12-3 的运行结果

表 12-4　代码清单 12-3 的运行结果和计算机的出拳信息

次数	1	…	10	11	12	13	14	15
出拳信息	剪刀	…	布	布	布	布	布	布

单纯就记忆能力来说，计算机要比人类强大得多。因此，只要对程序进行一些改造，使计算机记住"对手出石头获胜后接下来会出剪刀，出石头输了后接下来会出布"这些细节信息的话，计算机就会更加擅长猜拳游戏了。不过，如果太过于强大的话，可能又会不像人类的思考方式了。

12.6　用程序来表示思维模式

到目前为止，我们已经用程序表示了直觉、想法、习惯以及经验等。不过，除此之外，人类还有思维模式。思维模式是思考方法的节奏。人类大脑中有类似于"石头、石头、布、剪刀"或"剪刀、石头、石头、布"这种具有节奏感的短语，人类会在此基础上做出判断，这就是思维模式。

代码清单 12-4 是用程序来实现思维模式的示例。这里用 2 维数组 pttern[2][4] 来表示"石头、石头、布、剪刀"及"剪刀、石头、石头、布"这两种思维模式。人类会在不知不觉中按照自己的思维模式出拳，但连续输掉多次后也会变换一些方式。在该程序中，我们将其设定为连续输两次就改变思维模式。在时赢时输的情况下，则按照节奏以同一种方式出拳。

代码清单 12-4　根据思维模式来决定出拳的猜拳游戏程序示例

```c
#include <stdio.h>
#include <stdlib.h>

void main() {
    // 表示思维模式的 2 维数组
    int pattern[2][4] = { { 0, 0, 2, 1 }, { 1, 0, 0, 2 } };

    // 连续输的次数
    int lose = 0;

    // 用来切换思维模式的变量（0 和 1 之间切换）
    int p = 0;

    // 根据思维模式决定出拳信息
    int n = 0;

    // 对手的出拳
    int human;

    // 计算机的出拳
    int computer;

    // 设定随机数的种子
    srand(time(NULL));

    // 重复猜拳
    while( -1 ) {
        // 对手决定出拳信息
        printf(" 石头剪刀 （0= 石头，1= 剪刀，2= 布，其他 = 退出游戏）...");
        scanf("%d", &human);
        printf(" 布 \n");

        // 输入 0、1、2 以外的数值时游戏结束
        if(human < 0 || human > 2) break;

        // 计算机决定出拳信息
        computer = pattern[p][n];
        n = (n + 1) % 4;

        // 输出计算机的出拳信息
        if (computer == 0) {
            printf ("计算机的出拳是：石头 \n");
        } else if( computer == 1 ) {
```

```
        printf ("计算机的出拳是: 剪刀 \n");
    } else {
        printf ("计算机的出拳是: 布 \n");
    }
    printf("\n");

    // 记录计算机连续输拳的次数
    if ((human == 0 && computer == 1)  ||
        (human == 1 && computer == 2) ||
        (human == 2 && computer == 3)) {
        lose ++ ;
    } else {
        lose = 0;
    }

    // 连续输拳时变换思维模式
    if (lose >= 2) {
        p = (p + 1) % 2;
        n = 0;
    }
  }
}
```

运行该程序后，大家可能就会察觉到"该计算机有自己的出拳方式"。在至今为止我们所介绍的程序中，该示例程序可能最接近人类的思维模式。

大家应该都听过人工智能（AI，Artificial Intelligence）这个术语。**人工智能**是用计算机来实现人类智能的尝试。从计算机诞生之初的 1950 年代开始，关于人工智能的研究就层出不穷，到现在已经有了大量成果。本章介绍的《猜拳游戏》，虽然只是涉及了一点皮毛，但也可以说是人工智能。

不过，计算机本身并不智能，它只是运行了表现人类思考方式的程序而已。也就是说，开发程序的程序员，赋予了计算机这些智能。程序只是将人类的想法在计算机上进行了重现。想到这些，是不是感觉很愉悦呢？

向常光临的酒馆老板讲解计算机的思考机制

小老板：噢，欢迎光临！怎么看起来这么疲惫呢？

笔者：唉！还不是那个策划折腾的！向完全不了解计算机的女高中生和老奶奶说明计算机的机制，真是太折磨人了。

小老板：还真是挺折腾的呢。那么，最后结果咋样啊？

笔者：差不多明白了吧。差不多。

小老板：厉害啊！不过实在不好意思，您这已经累得够呛了，可我也有个问题想请教一下。

笔者：啊，你可饶了我吧。

小老板：可别这么说。来来，先请你喝一杯。

笔者：这样啊，那好吧，你问吧。

小老板：计算机和机器人看起来差不多吧。你说要是在我这个店里面也放一台计算机的话，是不是能帮我做点啥呢？

笔者：虽然计算机也可以和机器人一样智能地使用，不过就算放到你店里也不能立马就帮到你。

小老板：啊！搞不懂，这是为什么呢？用简单的方式给我解释解释吧。

笔者：将来的计算机是怎么样的谁也不知道啊，不过现在的计算机是无法自己思考的。假如要让计算机进行思考的话，就必须要用程序来实现思考步骤。

小老板：程序这个东西我还真不懂。打个比方说，它像什么呢？

笔者：这个程序和运动会及音乐会等的程序是一样的。就是把每一步做什么都按照顺序写下来的文件。把这个文件用和英语相似的程序语法记述下来，就是程序。

小老板：那么，具有思考顺序的程序，能用来做什么呢？

245

笔者：额……这要看你想做什么了。即使把计算机放在你店里，如果你不清楚用它来做什么的话，那就等于没放。

小老板：摆上计算机后，它不能帮我做点什么吗？

笔者：嗯，如果只是摆上一台计算机的话，还真帮不上什么忙。因为计算机不是装饰品。

小老板：那让计算机和店里的客人聊天，咋样？

笔者：好，好。这个目的的话也是可以的。

小老板：那你能给我做个程序吗？

笔者：没问题，我正好带着笔记本呢，现在就给你做一个。这个就算你请我喝酒的回礼了，呵呵。

小老板：在这就可以啊。真了不起！

笔者：好了。让我们按下"对话"按钮看一下。

小老板：就是这个么？"欢迎光临""您喝点什么""让您久等了""感谢您的光临"……就这些吗？只会这四句啊？

笔者：那么，你想要什么样的会话呢？

小老板：嗯……

正在思考……

笔者：啊，有了！

小老板：小点声！突然这么大声吓我一跳。

笔者：你刚才是不是在思考应该如何进行会话呢？对方说了什么之后，自己就要回答点什么。把这个顺序整理一下做成程序的话，就可以让计算机实现和人类一样的对话了。就像是计算机自己进行了思考一样。

小老板：啊，这样啊，明白了！不过，这个还真够麻烦的。必须要考虑上百、上千、上万种对话方式才行啊。

笔者：是啊。让计算机进行思考，确实是有点困难。

附录
让我们开始 C 语言之旅

　　本书涉及的程序示例，基本上都是用 C 语言编写的。但是那些完全没有编程经验的读者以及刚开始学习编程的读者，一下子看到这么多的 C 语言代码，肯定会感到很困惑吧。考虑到这一点，我们特意在本书的最后增加了补充章节，来对 C 语言的基本语法进行说明。

◐ C 语言的特点

　　C 语言是 AT&T 贝尔实验室的 D. M. Ritchie 在 1973 年推出的程序开发语言。C 语言虽是高级编程语言，但它也具备了能够和汇编语言相媲美的低层处理（内存操作及位操作）功能。AT&T 贝尔实验室开发的 Unix，最初是用汇编语言编写的，但后来大部分都用 C 语言进行了重写。借助 C 语言，Unix 的移植性得到了大幅提升，进而使得更多类型的计算机开始应用 Unix 操作系统。此外，作为 Unix 系列操作系统之一的 Linux 也是用 C 语言来编写的。

　　即使在现在，C 语言也依然是常用的编程语言。我们知道，信息处理技术员职称考试中可以选择的编程语言有汇编语言、COBOL、C 语言、Java，从这一点就可以看出 C 语言的重要性。同时这也表明，在当前的信息处理中，这四种语言是最常使用的。

在最新的 Web 编程中，Java、C# 等编程语言最有人气。Java 和 C# 都不是全新的编程语言，而是在对 C 语言语法进行了扩张的 C++ 的基础上发展而来的。因而，只要掌握了 C 语言，也就能很快掌握 Java 及 C#。另外，大部分的 C 语言编译器，都具有将 C 语言源代码转换成汇编语言源代码的功能，以及可以在 C 语言源代码中嵌入汇编语言的特点。

变量和函数

不管使用什么样的编程语言，程序内容都是由数据和处理构成的。至于程序的数据和处理具体该如何表示，则根据编程语言的不同而不同。在 C 语言中，数据用**变量**来表示，处理用**函数**来表示。因而，C 语言的程序就是由变量和函数构成的（图 A-1）。

程序全体

| 变量 | 变量 | … |
| 函数 | 函数 | … |

图 A-1 C 语言程序是由变量和函数构成的

看到变量和函数这些术语，大家估计会想到数学。数学的变量通常用 x、y、z 这些字母来表示。数学的函数则基本上都是像 $f(x)$ 这样，在函数名（这里是 f）后面加上括号，并在其中指定变量（这里是 x）。C 语言中变量和函数的描述方法，同数学是一样的。

不过，在 C 语言中，我们要从程序的角度来理解变量和函数，而不能从数学的角度来理解。例如 x、y、z 这些变量，在数学中是"变化的数值"的意思，但在程序中表示的则是"**存放数值的地方**"。$f(x)$ 这个函数，在数学上表示的是"变量 x 这个参数决定了函数的结果"，但从程序上来看则是"**用 f 函数来处理 x 这个变量**"的意思。

在数学中，$y = f(x)$ 这一表现形式表示的是"y 是 x 的函数"的意思，但在程序中表示的则是"用 f 函数来处理变量 x，并将处理结果代入 y"。数学中的等号（＝）表示的意思是"相等"，而程序中的等号表示的则是**赋值**的意思。在 C 语言中表示相等时，要用两个连续的等号。

数据类型

数学变量对位数和精度是没有任何限制的。与此相对，程序变量则受位数和精度的限制。这是因为，计算机的存储容量是有限的。计算机中预先被定义过的位数和精度称为**数据类型**。C 语言中主要的数据类型如表 A-1 所示。其中，char、short、int 是整数用的数据类型。float 和 double 是小数用的数据类型。

表 A-1　C 语言中主要的数据类型

名　　称	长度（位长）	范围（可以表示的 10 进制数）
char	8	$-128 \sim +127$
short	16	$-32\,768 \sim +32\,767$
int（或 long)	32	$-2\,147\,483\,648 \sim +2\,147\,483\,647$
float	32	$-3.4 \times 10^{38} \sim +3.4 \times 10^{37}$
double	64	$-1.7 \times 10^{308} \sim +1.7 \times 10^{307}$

在程序中使用变量（赋值、运算、显示等）时，需要同时对数据类型和变量名进行定义，如代码清单 A-1 所示。在 C 语言中，每个指令行的末尾都用分号（；）来区分。// 后面是注释（对程序的说明）。$a = 123$；部分表示的是给变量 a 代入数值 123，也就是对 a 进行赋值。在这部分

之前，需要对数据类型和变量名进行定义，这里使用了 int *a*;。通过对变量进行定义，就可以确保该变量对应的数据类型长度所需要的内存空间，并使用变量名来对内存空间进行读写。

代码清单 A-1　使用变量前需要先定义变量

```
int a;      // 定义 int 类型的变量 a
   :
a = 123;    // 为变量 a 赋值 123
```

标准库函数

　　函数包括程序员自己编写的函数以及系统提供的函数。其中，后者通常称为**标准库函数**。标准库函数是指具有可被各种程序使用的通用功能的函数。本书的示例程序中涉及的 printf、scanf、rand 等都是标准库函数的一种。这些函数分别有"输出到显示器上显示""从键盘输入信息""产生随机数"等通用功能。

　　函数的括号中，除变量以外，也可以放置通过文字串、数值等指定的数据信息，这些统称为**参数**。被作为函数的处理结果而返回的数值称为**返回值**。利用函数称为函数调用。根据函数种类的不同，也有一些函数是不需要参数或没有返回值的。

　　把函数比喻成"工厂"的话可能更好理解。这样一来，参数就是被拉入工厂的"原材料"。在工厂中对原材料进行加工后，得到的"产品"就是返回值（图 A-2）。

　　在这一过程中，计算机的基本操作大体可以划分为"输入数据""处理数据""输出数据"三块。如果是一个简单的示例程序的话，想必应该会通过键盘来输入数据，并将处理结果输出到显示器上。因而，如果编写出来的程序包含了从键盘输入数据、对数据进行相应处理、把结果输出到显示器上这一系列操作的话，就说明具备了 C 语言基础。如代码清单 A-2 所示。该示例是对键盘输入的两个数值求平均值，并把结果输出到显示器上。这里，变量用的是整数数据类型 int，平均值如果有小数部分的话就将小数部分舍弃。如果不想舍弃的话，将变量的数据类型指定为 float 或 double 即可。

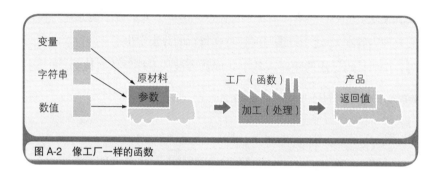

图 A-2　像工厂一样的函数

代码清单 A-2　具备输入、运算、输出功能的程序示例

```
int a, b, ave;           // 定义 3 个 int 类型的变量 a、b、ave
scanf("%d", &a);         // 接收从键盘输入的 a
scanf("%d", &b);         // 接收从键盘输入的 b
ave = (a + b) / 2;        // 计算 a 和 b 的平均值，并将结果赋值给 ave
printf("%d\n", ave);     // 把 ave 的值输出到显示器上
```

函数调用

在 C 语言中，是不能像代码清单 A-2 那样直接记述处理的，而是必须将这一系列的处理整合到函数中。而"整合到函数中"，就是程序员自己来记述函数的意思。

大规模的程序是由大量函数构成的，而像示例程序这种简单的程序，只需要一个函数就可以实现了。该函数的名称就是 main，这是规定。main 是程序启动时最初运行的函数。在由多个函数构成的程序中，程序启动时运行 main 函数，并在 main 函数中调用其他函数，然后该函数又调用其他函数……，像这样，所需要的函数会被一个接一个地调用。而简单的程序中则仅仅包含了最初执行的 main 函数，因此，所有的处理都会集中在该部分进行。

代码清单 A-3 是把代码清单 A-2 的 5 行代码都整合到 main 函数中时的情况。函数的处理内容是用 {} 围起来的部分。{} 围起来的部分称为**模块**。模块（block）也有"整合"的意思。这里，为了便于大家理解模块的处理内容在 {} 之中，编写时特意在每行的开头空出了一些位置。运行时，按照代码记述的顺序，各个处理就会被从上往下依次执行。

代码清单 A-3　将所有处理整合到 main 函数的程序示例

```
#include <stdio.h>

void main(void) {
    int a, b, ave;         // 定义 3 个 int 类型的变量 a、b、ave
    scanf("%d", &a);       // 接收从键盘输入的 a
    scanf("%d", &b);       // 接收从键盘输入的 b
    ave = (a + b) / 2;       // 计算 a 和 b 的平均值，并将结果赋值给 ave
    printf("%d\n", ave);   // 把 ave 的值输出到显示器上
    }
```

void main(void) 中的 void 表示的是该 main 函数没有参数也没有返回值的意思。void 的字面意思是"空的"。文章开头的 #include ，表示的是参考 stdio.h 文件的意思。include 的字面意思是"包含"。在 stdio.h 文件中，定义了标准库函数 printf 和 scanf。该文件就称为**头文件**。头文件的扩展名为 header 的头一个字母".h"。各标准库函数用到的头文件，都是同编译器一起安装的。

该函数的处理内容比较短，因此并不需要多个函数。即便如此，如果我们非要将其分成两个函数的话会怎样呢？我们不妨来看一下。分开后如代码清单 A-4 所示。在 main 函数中，从键盘输入两个数值并分别赋值给 *a* 和 *b*，然后把这两个数值作为参数传递给刚做成的

average 函数，再将 average 函数的返回值赋值给变量 *ave*，这样 *ave* 的数值就被输出在显示器上了。由此可见，average 函数成功地实现了求解作为参数的两个数值的平均值并把结果返回这一操作。这是因为 main 函数调用了 average 函数。

代码清单 A-4　从 main 函数中调用 average 函数的程序示例

```
#include <stdio.h>

int average(int, int);          // 定义 average 函数的原型

void main( void ) {
    int a, b, ave;              // 定义 3 个 int 类型的变量 a、b、ave
    scanf("%d", &a);            // 接收从键盘输入的 a
    scanf("%d", &b);            // 接收从键盘输入的 b
    ave = average(a, b);        // 计算 a 和 b 的平均值，并将结果赋值给 ave
    printf("%d\n", ave);        // 把 ave 的值输出到显示器上
}

int average(int a, int b) {
    return (a + b) / 2;         // 把 2 个参数的平均值作为返回值返回
}
```

int average(int a, int b){…} 开头的 int，表示 average 函数的返回值是 int 类型，括号中的 int 表示的是参数 a 和 b 是 int 类型。return 是返回函数返回值的指令。这里返回的是 (a+b)/2，也就是 a 和 b 的平均值。

请大家注意一下代码清单 A-4 中的注释"定义 average 函数的原型"这一部分。编译器会按照从上到下的顺序解析源代码的内容。而如果 main 函数中突然出现 average 函数的话，编译器就会理解为"没有该函数"，从而进行报错。正因为如此，就有必要在代码的开头部分加上 int average(int,int)，来告诉编译器"在后面有一个名是 average、返回值是 int 类型、两个参数也是 int 类型的函数"。这个就称为**函数原型声明**。

前面已经提到，stdio.h 文件中定义了标准库函数中的 printf 和 scanf 函数。具体来说，就是在 stdio.h 文件中定义了 printf 和 scanf 的原型。

局部变量和全局变量

　　在函数模块中定义的变量，只能在该函数中使用。这样的变量就称为**局部变量**。局部（local）是"当地的、地区的"的意思。在代码清单 A-4 中，main 函数中定义的 *a*、*b*、*ave* 都是局部变量。如果将局部变量的数值传递给其他函数来处理的话，该数值就会被作为参数来使用。代码清单 A-4 就是把 main 函数的局部变量 *a*、*b* 作为参数传递给了 average 函数。

　　变量也可以在函数模块外进行定义（虽然函数处理必须要在函数的模块中进行，但变量是可以在模块外进行定义的），该变量称为**全局变量**。全局（global）是"全世界的、全体的"意思。全局变量在程序的所有函数中都可利用。因而，通过利用全局变量，在函数中就可以获取其他函数的数值。不过，在大规模的程序中过多使用全局变量的话，就会使程序内容变复杂（无法清楚掌握是哪些函数在使用全局变量），这一点一定要注意。

　　将代码清单 A-4 的程序示例改造为使用全局变量的形式后，结果就如代码清单 A-5 所示。可以看出，average 函数的参数没有了。而 *ave* 还是局部变量的形式。这是因为 *ave* 仅仅被用在了 main 函数中。

代码清单 A-5　利用全局变量的程序示例

```
#include <stdio.h>

int average(void);          // 定义 average 函数的原型
int a, b;                   // 定义全局变量 a、b

void main(void) {
    int ave;                // 定义局部变量 ave
    scanf("%d", &a);        // 接收从键盘输入的 a
    scanf("%d", &b);        // 接收从键盘输入的 b
    ave = average();        // 计算 a 和 b 的平均值，并将结果赋值给 ave
    printf("%d\n", ave);    // 把 ave 的值输出到显示器上
```

```
}

int average(void) {
    return (a + b) / 2;   // 把两个参数的平均值作为返回值返回
}
```

数组和循环

　　处理大量数据是计算机擅长的领域之一。例如，在求解 100 万个数据的平均值的时，利用计算机瞬间就能完成。在程序中表现大量数据时，通常会使用**数组**的形式。数组的全体数据用同一个名字（数组的名字）来表示，各数据（称为元素）则通过从 0 开始的连续编号（称为索引）来进行区分。100 万个数据的话，输入起来太过麻烦，因此，这里我们就来做一个求解 10 个数据的平均值的程序，如代码清单 A-6 所示。

代码清单 A-6　求解 10 个数据的平均值的程序示例

```
#include <stdio.h>

void main(void) {
    int data[10];        // 定义具有 10 个元素的数组 data，数据类型为 int
    int sum, ave, i;     // 定义 3 个 int 类型的变量 sum、ave、i

    sum = 0;             // 把用来保存总和结果的 sum 清 0

    // 将 i 从 0 到 9 逐一加 1，递增循环
    for (i = 0; i < 10; i++) {
        scanf("%d", &data[i]); // 把从键盘输入的数值存入 data[i] 中
        sum += data[i];        // 把 data[i] 的数值累加到 sum 中
    }

    ave = sum / 10;      // 用 sum 除以 10 得到平均值
    printf("%d\n", ave); // 将 ave 的值输出到显示器上
}
```

　　"int data[10];" 部分是数组的声明。表示的是 "请准备好数据类型是 int、有 10 个元素、数组名为 data 的数组"。定义数组后，data[0]、data[1]、data[2]、data[3]、data[4]、data[5]、data[6]、data[7]、data[8]、 data[9] 这 10 个元素就可以使用了。虽然数组是带方括号的表现形式，但数组各元素的利用和通常的变量是没有区别的。

从键盘重复输入 10 个数值，并分别赋值给 data[0]～data[9]。输入的数值与变量 *sum* 连续相加 10 次后，即可得到 data[0]～data[9] 的总和。将 *sum* 的数值除以 10 后得到的平均值代入 *ave* 中，并把结果输出到显示器上。

连续 10 次的重复处理，用 for(*i*=0; *i*<10; *i*++){…} 来表示。for 括号中的内容被分号分割成了 3 部分，按照顺序分别是"只在循环开始时执行一次的处理""循环继续的条件""每次循环处理后执行的处理"。在处理数组的情况下，for 括号中一般以表示数组索引的变量（在这里是 *i*）从 0 开始逐一增加的形式来指定元素。*i* 变量称为**循环计数器**。循环（loop）是"重复"的意思。因此，for(*i*=0; *i*<10; *i*++) 表示的就是"循环刚开始时将 *i* 的值设定为 0""在 *i*<10 的条件下继续循环""每次循环处理完毕后 *i* 的数值 +1"。这样，*i* 的数值就是从 0～9 逐一递增，for 模块（{} 围起来的部分）中的处理也被重复 10 次。

这里请大家注意一下 for 模块中的 data[i]。它表示的是数组 data 的第 i 元素的意思。由于 *i* 的值是从 0～9 依次递增的，因此，数组各元素 data[0]～data[9] 的处理（这里指从键盘输入、sum 求和）就可以按照顺序进行了。

其他语法结构

C 语言的语法结构是 ANSI（American National Standard Institute，美国国家标准协会）制定的。ANSI 规定了如表 A-2 所示的 32 个 C 语言的关键词。如果能够完全理解这些关键词的具体意思和用途的话，那就说明你已经掌握了 C 语言的语法结构。在补充章节中，已经涉及到了不少关键词。因此，大家只需查一下没有涉及的关键词有多少，就能知道自己还需多久才能完全掌握 C 语言了。

表 A-2 C 语言的关键字（按英文字母排序）

关键字	说明
auto	声明自动变量
break	跳出当前循环
case	开关语句分支
char	声明字符型变量或函数
const	声明只读变量
continue	结束当前循环，开始下一轮循环
default	开关语句中的"其它"分支
do	循环语句的循环体
double	声明双精度变量或函数
else	条件语句否定分支（与 if 连用）
enum	声明枚举类型
extern	声明变量是在其它文件中声明
float	声明浮点型变量或函数
for	一种循环语句
goto	无条件跳转语句
if	条件语句
int	声明整型变量或函数
long	声明长整型变量或函数
register	声明寄存器变量
return	子程序返回语句（可以带参数，也可不带参数）
short	声明短整型变量或函数
signed	声明有符号类型变量或函数
sizeof	计算数据类型长度
static	声明静态变量
struct	声明结构体变量或函数
switch	用于开关语句
typedef	用以给数据类型取别名
union	声明共用数据类型
unsigned	声明无符号类型变量或函数
void	声明函数无返回值或无参数，声明无类型指针
volatile	说明变量在程序执行中可被隐含地改变
while	循环语句的循环条件

最后讲一下学习 C 语言的技巧。不仅仅是 C 语言，学习所有编程语言的语法结构，都不应该是囫囵吞枣地背下来。只有多做上机练习并反复确认运行结果，才能征服这门语言。因此，我并不希望大家仅仅记住语法结构，而是要掌握该语法的具体使用方法。"了解语法结构但不会编写程序"和"知道英文语法却不会说英语"是同样的。不管是 C 语言还是英语，都是从实践中得来的。在 C 语言的语法结构中，很多人都提到指针和结构比较难。而如果想要掌握指针和结构的话，那你就要去查看一下它们是如何使用的，并通过编写各种程序来反复进行尝试。

在学习的初始阶段，大家直接模仿教材中的示例程序即可。慢慢的，你就会想对示例程序进行改造。再到后来，你就会尝试把几个示例程序组合起来做成自己原创的作品。如果你真的想到了这些，那就不要有什么顾虑，放心大胆地去尝试吧！一边思考着"这样写，会得到这样的结果"，一边编写程序。如果实际结果和预期结果不一致的话，就要对其原因进行分析，并再次进行挑战和尝试。在这一过程中，你会多次遇到同样的代码，语法结构自然也就记下来了。在分析程序没有按照预期顺利运行的原因时，大家可以参考本书中有关 CPU 及内存机制的知识，肯定会大有帮助的。

在不断犯错纠错的过程中，慢慢地就能得到和预期一致的运行结果，这时你就是一个合格的程序员了。所谓编程，就是把程序员的思考方式用编程语言的语法结构表示出来，然后再传递给计算机运行。如果能进行编程的话，就可以让计算机按照自己的思考方式来运行。这真的是一件让人愉悦的事情。通过阅读本书，了解了程序的运行机制后，相信大家更能体会到编程的乐趣。

结语

记得有"自己吓唬自己是最可怕的事情"这样的说法。如果总是想一些令自己担心恐惧的事情，枯萎的花朵都能被看成幽灵，这句话说的就是这样的心理。这种心理也适用于编程，在了解程序的实质前，大家也许会觉得程序很难。面对困难，我们会感到恐惧，笔者也不例外。还记得刚接触计算机时，笔者也经常感到担忧。

不过，对已经读过本书的各位读者来说，编程应该不再是那么可怕的事情了吧。程序的运行机制其实很简单，这一点想必大家也都有了切身体会。不管今后的计算机怎么发展，程序的实质是不会发生太大变化的。因此，请大家务必放松心情，无所畏惧地继续向新技术发起挑战吧！

感谢各位读者阅读本书。也祝各位的编程之路一路通畅。

致谢

值此本书发行之际，对从策划阶段就对本书给予悉心指导的《日经Software》的柳田俊彦主编、早坂利之先生、畑阳一郎先生，以及出版社的高昌知子女士等各位同仁，一并致以深深的谢意。此外，笔者在《日经 Software》上连载"程序是怎样跑起来的"一文时，热心的读者朋友们为笔者指出了不足及笔误，并写信鼓励笔者，借此机会也向各位致以深深的感谢。

版 权 声 明